ポートランド・メイカーズ
――クリエイティブコミュニティのつくり方

Portland MAKERS

山崎満広 編著

ジョン・ジェイ
南トーマス哲也
田村なを子
冨田ケン
マーク・ステル
リック・タロジー

JN155509

学芸出版社

CONTENTS

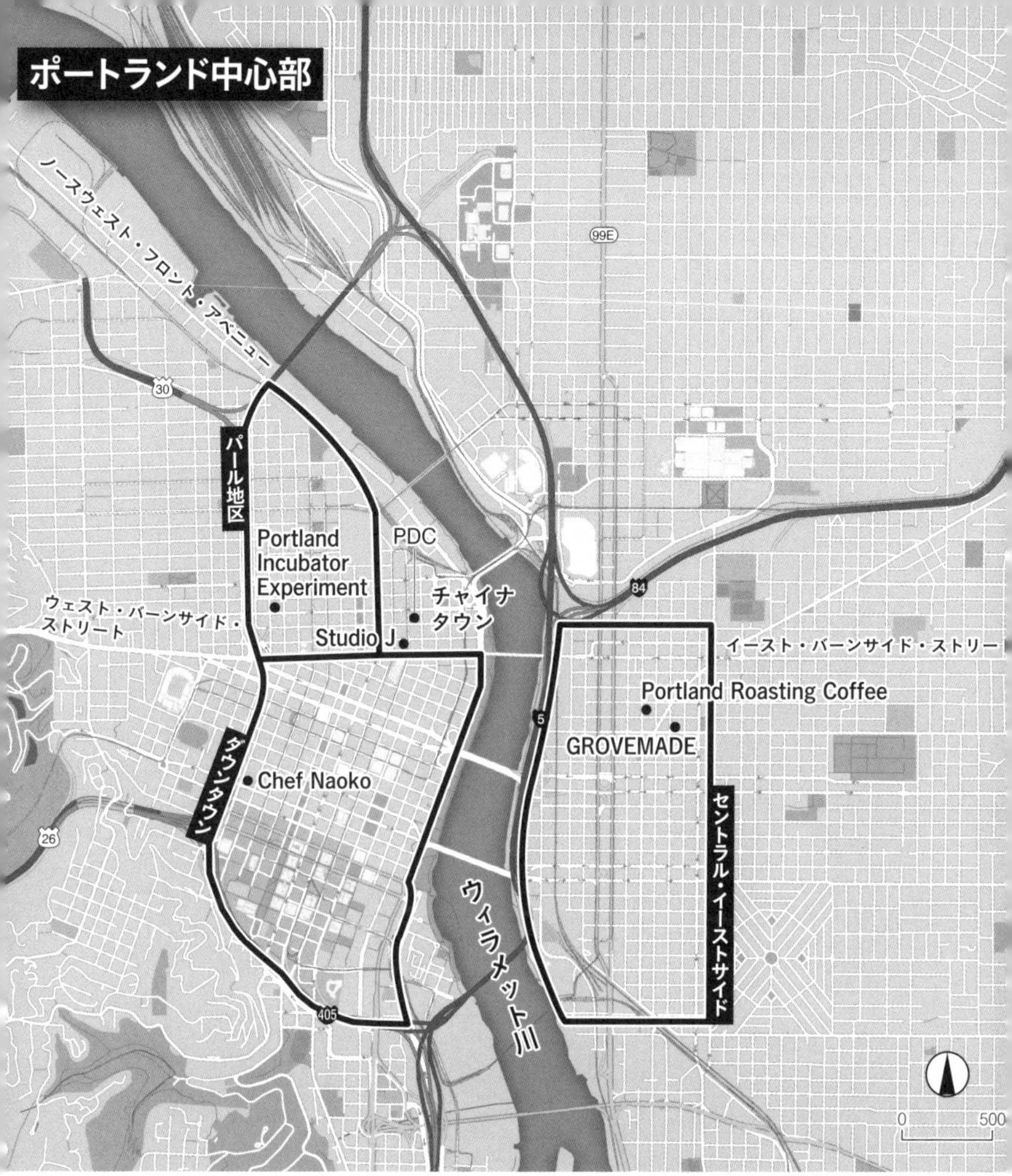
ポートランド中心部
ノースウェスト・フロント・アベニュー
99E
30
パール地区
Portland Incubator Experiment
PDC
チャイナタウン
Studio J
ウェスト・バーンサイド・ストリート
イースト・バーンサイド・ストリー
84
Portland Roasting Coffee
GROVEMADE
5
ダウンタウン
Chef Naoko
26
セントラル・イーストサイド
ウィラメット川
405
0
500

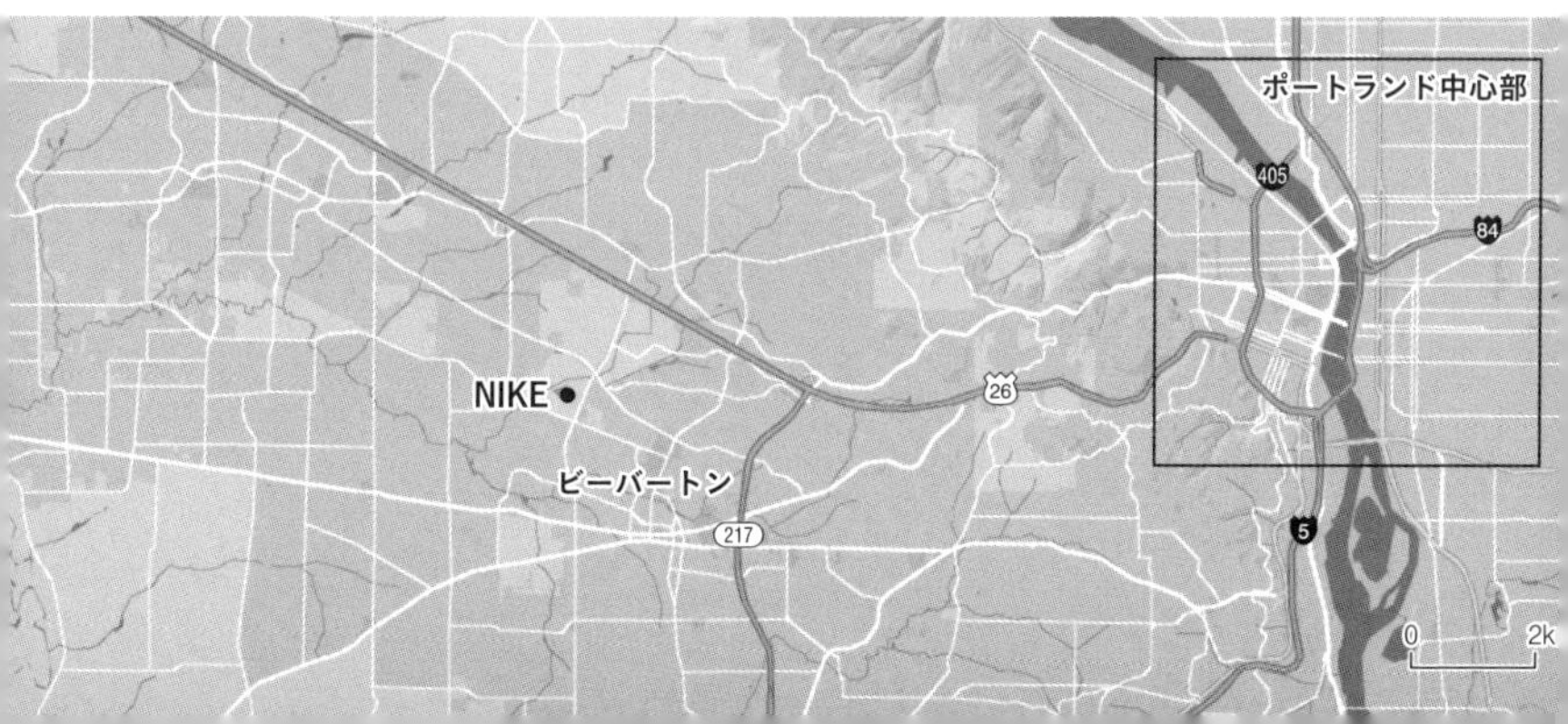
ポートランド中心部
405
84
NIKE
26
ビーバートン
217
5
0
2k

クリエイティブなコミュニティのつくり方

街は人とその文化、コミュニティによってつくられる

2016年の春、『ポートランド　世界で一番住みたい街をつくる』という本を書いた。その本ではポートランドという街がどのような変化を遂げ、世界中から注目される街になったか、その全体像を描いた。そのプロセスを紐解くため、1800年代の街の設立から歴史をたどり、1970年代の大変革期から今日にかけて、現在僕が働くポートランド市開発局（PDC）の活動を中心に行政、企業、市民らの街への関わりについて詳しくレポートした。だが、膨大な資料と向きあいながら、そのエッセンスを限られた紙数の中にまとめるのはとても大変で、編集の途中で削った内容も多かった。そして、もしいつかもう1冊本を出せる機会が巡ってきたら、ポートランドがなぜクリエイティブなのか、なぜクリエイティブな企業や人々が集まる街になったのか、それをテーマに書いてみたいと漠然と思っていた。

街の魅力は、そこに住んでいる人々や働いている人々、彼らがつくりだす文化やコミュニティの特徴が醸しだすものだと、僕は思っている。要するに、街は人ありきなのである。

丹下健三（建築家、都市計画家）は「人は情報の媒体である」と言ったそうだが、その考えは今の時代にすごく的を射ていると思う。そして、都市はその情報の媒体が集まり、混じりあい、新たな価値をつくりだす実験室のようなものだ。今、世界の大都市には大量の情報が集まってきている。ただ丹下氏が活躍していた時代と大きく違うのは、インターネットの進歩により多くの情報がネットワーク化され、世界中どこにいてもスマートフォンさえあれば情報を入手できるようになったことだ。

しかし反面、情報の海に飲まれる危険に晒されるようにもなった。何か新しいものをつくろうとする時、新しいことに挑戦しようとする時、ネットで見た情報に流されていては成功しない。自分の哲学を大事にし、最初から自分のやり方でやってみること、今まで誰もやったことのないことを、勇気を出してやってみることが大切だと思う。新しいものを世に生みだすには、リスクが付き物だ。エジソンは電球を完成させるまでに2万回も失敗したというではないか。

ポートランドをクリエイティブにする6人に会いにいく

2016年の秋、僕の予想を裏切り、著書は増刷を重ね、僕は2冊目の本を執筆する機会に恵まれた。そこで、多種多様な分野で新たな価値をつくりあげることを生業としているクリエイティブなポートランダーを6名厳選し、彼らにインタビューをさせてもらった。日本では一般的に知られていない人たちが多いが、彼らはポートランドのクリエイティブコミュニティを象徴する人物であり、それぞれの分野で世界に通用するプロフェッショナルたちである。

ここで今回インタビューした6人を簡単に紹介する。

ジョン・ジェイは広告やアート業界では世界的に著名である。ニューヨークの高級デパート、ブルーミングデールズやポートランドの広告エージェンシーWieden+Kennedyのクリエイティブディレクターを経て、2015年からファーストリテイリングのグローバルクリエイティブ統括を務めている。

ジョンは今、ポートランド、ロンドン、ニューヨーク、東京などを飛び回っている。その超多忙なスケジュールの合間を縫って、ポートランドのチャイナタウンにある彼のスタジオなどでロングインタビューをさせてもらった。彼が見てきた過去25年間のポートランドの変貌や、なぜ彼が今なおポートランドにこだわり拠点を設けているのか。ジョンが語るポートランドのクリエイティビティの本質は実に興味深い。

南トーマス哲也はポートランド近郊にあるナイキ本社のイノベーションキッチンで次世代のプロダクト開発を手がけている。

以前は、あの元ブラジル代表のロナウジーニョ選手のスパイクをデザインした世界トップクラスのシューズデザイナーであった。彼には、「Fail Forward（失敗は後退ではなく、そこから学んで次に進もう）」という揺るぎない哲学と使い手への細心の気配りが詰まったナイキのものづくりの裏側をじっくり聞いた。また、スポーツを愛する市民が多い街ならではのライフスタイルやスポーツブランドの街への取り組みについても話を聞いた。

ポートランドでは都市成長境界線によって守られている近郊の農地で採れた新鮮な食材を扱うレストランやマーケットが繁盛し、全米からシェフがこの地で開業するために集まってくる。そんなレストラン業界で、一際注目を集めているのが、オーガニックレストラン「Shizuku」を経営する田村なを子。

彼女は、美しく黒光りした漆塗りの重箱に、とびきり新鮮な季節の食材を使ったお弁当で、全米一のグルメタウンの料理評論家たちを魅了し続けてきた。僕はアメリカに20年住んでいるが、こんなに地元の素材にこだわりながら本格的な日本食を食べられるレストランは他にはない。まさに僕にとってのポートランドの郷土料理だ。その美味しさの秘密は、彼女が実践する生産者と消費者をつなぐ「Farm to Table」のしくみ、そして本物の味を追求する探究心にあった。

また、ポートランドでは「Made in PDX（= Portland）」を掲げ、革製品や家具、クラフトビールなど地場産業に最新のデザインを施したハンドメイドの小商いが若者を中心に盛んだ。そして、彼らの中でGROVEMADEの富田ケンを知らない者はいない。

「Made the Hard Way（苦労してつくられた）」がGROVEMADEのキャッチフレーズだ。ケンが自然素材を使ってつくりだす製品はどれもユニークで美しく、そしてサステイナブルである。セントラルイーストサイドにある工房で一つ一つ丁寧につくられた製品は世界中にファンがいるくらい人気だ。小規模生産でデザイン性に優れたものづくりへのこだわり、西海岸特有のオープンなコラボレーションの気質、独特なマーケティング戦略など、スモールビジネスのリアルな現場を教えてもらった。

マーク・ステルを一言でいえば、「サードウェーブコーヒーをサステイナブルにした男」である。現にマークはコーヒー豆の焙煎と小売を手がける会社Portland Roasting Coffeeを経営しながら、全米スペシャルティコーヒー協会の要職などを歴任し、世界第二のコモディティであるコーヒーの貿易環境の改善に努めてきた。

中南米やアフリカのコーヒー農場とダイレクトトレード（直接取引）をし、農園労働者の収入を上げ、農園の労働環境の向上を図るために地域のインフラに投資をしてきた。なぜ、彼はそこまでリスクをとってコーヒー産業を変えようとしてきたのか。ポートランドのコーヒーカルチャーの裏側にあるストーリーは実に深い。

最後に紹介するリック・タロージーはPortland Incubator Experiment（PIE）の創始者兼ゼネラルマネージャーである。

僕はこの街で何らかのテクノロジーを使って起業したい人がいたら、まずリックに会いに行くことを勧める。なぜなら、彼が行政機関はもちろん、ベンチャーキャピタル、エンジェルファンド、そしてその他のアクセラレーターなどを含むポートランドのスタートアップの生態系を一番よく知っている中心人物だからだ。彼は常に多くの起業家と交流し、彼らの面白いアイデアをスケールアップさせるべくコーチングし、スポンサー企業から投資を引き出し成長させる。創業から8年で数え切れないほどの地元の起業家を支援してきたしくみを語ってもらった。

街のクリエイティビティを生みだすマインドとコミュニティ

この6人のインタビューを通して、街のクリエイティビティを生みだすのに必要なものがうっすらと見えてきた。一つはプレイヤーのマインド（気質）。そしてもう一つは彼らを取り巻くコミュニティ（土壌）だ。

まずは、プレイヤーに共通するマインドを挙げてみる。

1. 自信を持っている：自分の得意分野を見定め、足りない部分は周りの人とのコラボレーションで補う。
2. 失敗を恐れずやってみる：とにかく自分を信じて本気でやってみる。うまくいけばそれを伸ばし、失敗すれば新たな道を探る。
3. 挫折から学び続ける：失敗もポシティブに受けとめ、自分が納得いく結果が出るまでしたたかに挑戦し続ける。
4．お金や名声以上に仕事が好き：儲けや知名度よりも素晴らしい仕事をすることに重きをおく。
5．独立心が強い：周りの人の声、常識や情報に左右されず、自分の信じた道を突き進む。
6．変化を受け入れ成長する：変化は避けられないことを理解し、変わり続けることで成長する。

次に、彼らが属するコミュニティ（土壌）にもいくつかの共通点があると思える。
1．仲間が集まりやすく、新たな関係を築きやすい「場所」を持っていること。
GROVEMADEの工房やPIEのシェアオフィス、Portland Roasting Coffeeのカフェやレストラン Shizukuなど、いろいろな形態があるが、どれもオープンでリラックスした雰囲気が印象に残った。
2．フェアでカジュアルでフラットな組織や文化があること。
そこには人種、男女間の差別、先輩後輩の上下関係など存在しない。無駄に組織化したり、型をつくらない。
3．新しいアイデアを歓迎し、良いと思ったことを素直に受け入れること。
誰もが気軽にアイデアを提案し、たとえ奇抜なアイデアであっても頭ごなしに却下したり、批判したりしない。

4. わからないこと、困ったことは、専門家や同業の仲間に助けてもらうこと。
5. 良いこと、うまくいったことは、たとえライバルであっても、どんどんシェアすること。
6. ライフスタイルを大事にして趣味の時間を充実させること。

その趣味が仕事に良い影響をもたらし、趣味がビジネスになることも起こりうる。

この本を通して、僕はポートランドのクリエイティブの本質と、そのクリエイティブなコミュニティがどのようにつくられているかを探りたかった。そして本の制作途中で、いつもお世話になっている黒崎輝男さん（流石創造集団代表取締役）にクリエイティビティについて尋ねた。黒崎さんはこんな風に答えてくれた。

「クリエイティビティとは、一般的な成功、利益などとは違う、美しいとか、気持ちいいとか、美味しいとか、新しいといった視点から問題を設定して、目の前の難題を、根本から乗り越えていく能力を言う」

この本を読んで、街のクリエイティビティを生みだす仲間が、日本でも増えることを願っている。

山崎満広

1

PORTLAND MAKERS

インディペンデントな都市に宿るクリエイティビティ

ジョン・ジェイ

John C Jay

PROFILE

ファーストリテイリング グローバルクリエイティブ統括。元Wieden+Kennedy（W+K）パートナー。アメリカ・オハイオ州生まれ。オハイオ州立大学でビジュアルコミュニケーションを学ぶ。ニューヨークにて出版社勤務、ブルーミングデールズのマーケティングディレクターを経て、1993年W+Kのクリエイティブディレクターに就任、NIKEの広告などを世界規模で手がける。2015年より現職。

Studio Jの会議室兼図書室。ここで3階に入居するAce Hotelのデザイナーや、世界各国から集まるユニクロのクリエイティブチームと戦略を議論する

大きな窓から自然光が入るジョン・ジェイ氏のオフィスStudio Jのロビー空間。約300平米のオープンでゆったりとした雰囲気が漂う。そこここに並ぶ、世界中から集めたジョン氏のアートコレクションが、100年前からある建物をリノベーションしたラフなロフト空間によく似合う

ジョン氏がコンセプトづくりに関わったユニクロの新本社「UNIQLO CITY TOKYO」。
P.16右上／多様な社員が顔を合わせコミュニティをつくりだす「ストリート」
P.16左上／オープンで快適なオフィス
P.16下／ジョン氏や柳井正社長が選んだ書籍も並ぶ「ライブラリー」
P.17上／デジタルライブラリーからあらゆる情報にアクセスできる「アンサーラボ」
P.17下／社員のミーティングやイベントなど多目的な利用が可能な「ザ・グレートホール」

ジョン・ジェイ

GO WHERE YOU CAN MAKE THE MOST CREATIVE WORK OF YOUR LIFE!

人生で最もクリエイティブな
仕事ができるところへ行け！

仕事の原点

山崎　ジョンさんには、Wieden＋Kennedy（W＋K、ワイデン・アンド・ケネディ）におられた頃から現在までのお仕事と、ポートランドのクリエイティビティの本質についてお聞きしたいと思います。まずは、ポートランドに来られるまでのお話を聞かせて下さい。

ジョン　出身はオハイオ州コロンバスです。オハイオ州立大学でビジュアルコミュニケーションを学びました。

山崎　ビジュアルコミュニケーションを専攻したのはなぜですか？　子どもの頃からクリエイティブなものに興味があったのでしょうか？

ジョン　いいえ。子どもの頃の夢は、リビングルームのある家に住むことでした。祖父は10代でアメリカに移住し、私は中国系アメリカ人として生まれました。両親はランドリーを経営し、私たち家族の住まいはそのランドリーの奥の小部屋でした。私は6歳まで英語を喋れず、8歳になるとランドリーで働き始めました。14歳の時、両親がランドリーを他人に譲り、アジアの食材を扱う食料品店を開業しました。そして私たち家族は初めて一軒家に移り住みました。私の人生は、まさにアメリカンドリームを体現しているのです。

山崎　現在のお仕事につながるきっかけは何だったのでしょうか？

ジョン　大学生活で「Esquire」「GQ」といった雑誌と出会ったことが、大きな転機となりました。ある時イギリス版「VOGUE」を読んでいたら、制作者のクレジットに「アートディレクター」という肩書きを見つけました。そのディレクターの名前を見ると、中国人だったのです。まずアートディレクターという職業に興味を持ち、アジア人でもなれることに気持ちが高まりました。

山崎　大学卒業後、ニューヨークで長い間働かれていたんですよね。

ジョン　ええ。最初は、ビジネス、科学、法律などの書籍を扱う出版社で働き始めました。その後、1980年に全米でデパートチェーンを展開するブルーミングデールズに転職し、ファッションのマーケティングディレクターとして、12年間、キャリアを積みました。

ブルーミングデールズではクリエイティブ部門に在籍し、世界中を旅しながら最高の才能を持つ人たちと仕事をしていました。私が当時一緒に仕事をした写真家、映像作家、モデル、デザイナーをリストにすると、自分でも信じられないような人たちの名前が並びます。それは、私が優秀だったからというわけではなく、とても運に恵まれていたのです。

当時私が仕事をしていたニューヨークのファッション業界や小売業界の最前線というのは、単に品物を消費者に売るということだけでなく、文化的な原動力になっていました。

最高のクリエイティブワークをつくりだせる場所に行け

山崎　ニューヨークで華々しいキャリアを築いていたあなたが、なぜW＋Kに移られたのでしょうか？

ジョン　1987年頃だったと思いますが、当時私はブルーミングデールズのシニア・バイスプレジデント兼クリエイティブディレクターを務めていて、自分自身のそれまでのキャリアの中で一番波に乗っていた時期でした。

そんなある日、家でテレビを見ていたら、とてもショッキングなものを目にしたのです。W＋Kがナイキのためにつくった「Revolution」というCMでした。これまで見たことのない、商業的な匂いがせず、社会に対してメッセージを発し、クリエイティビティへの愛が溢れたものでした。それが、その後の広告のあり方を変えたのです。そして翌年、ナイキの「Just Do It.」キャンペーンが始まりました。

自分もこういう仕事をやってみたい。もしそれがオレゴン州ポートランドにある、ダン・ワイデン（W＋Kの共同創業者の1人）の会社であれば、私はそこに行くべきだと、直感しました。

山崎　クリエイティブな人やモノが集まるニューヨークの街と仕事を捨てても惜しくはないと。

ジョン　「人生において最高のクリエイティブワークをつくりだせる場所に行け」というのが、私の信条です。美味しいレストランがあるとか、良い美術館があるとか、そんなことはどうでもいいのです。素晴らしいクリエイティブワークの機会があるかどうか、それだけです。

山崎　なるほど。

ジョン　クリエイターというのは、常にどこにでも行けるという気持ちでなければならないのです。すべての前提条件は置いておいてね。その当時の私にとっては、最高のクリエイティブワークをつくりだせる場所がW＋Kだったのです。彼らの作品は、これまでメディアに存在していた他の作品とはまったく異質で、エキサイティングなことが起こり始めている予感がしました。

山崎　W＋Kに移られたのはいつですか？

ジョン　1993年にダンから声をかけてもらって、私は「イエス」と返事をしました。そしてその年の11月、初めてポートランドにやってきました。

山崎　ポートランドを一度も訪れることなく、W＋Kの仕事を引き受けたのですか？

ジョン　事前にどんな街なのか見たくなかったのです。なぜなら、仕事の質だけを基準に決断したかったからです。

ナイキとのクリエイティブワーク

山崎　W＋Kではどのような役割を担っておられたのですか？

ジョン　何人かいるクリエイティブディレクターの1人でした。大きな取引先には、それぞれのクリエイティブディレクターが就くしくみになっていました。はじめはいろいろな取引先の案件を担当し、最終的にナイキの共同クリエイティブディレクターに就きました。私ともう1人のディレクターと、数人のパートナーがナイキの案件を担当することになりました。

山崎　担当されたナイキの最初のプロジェクトについて聞かせて下さい。

ジョン　W＋Kに勤務することになり、11月のある月曜日にポートランドに到着しました。偶然、その週の木曜日に（ナイキの創業者である）フィル・ナイトがダンに電話してこう言ったそうです。「私たちのブランドは、ニューヨークのストリートカルチャーとうまく関係をつくれていない」と。ダンはこう答えたそうです。「わかった。今週ニューヨークから友人のジョン・ジェイが引っ越してきたから、彼に話を聞いてみよう」と。

山崎　すごいタイミングですね！

ジョン　これがナイキとの初めての仕事につながりました。私はナイキのために「City Attack」というニューヨークのキャンペーンを企画しました。

山崎　ナイキのフィルがニューヨークで感じていた問題とは何だったのでしょうか。

ジョン　当時は、アディダスなど他のブランドのスニーカーが、ニューヨークのストリートカルチャーと親密な関係をつくっていました。ちょうど、ポップカルチャーの重要性が高まってきていた時期で、スポーツブランドが、アスリート以外の若者たちのカルチャーとつながり始めた時期だったのです。スポーツ用品がもはやスポーツのためだけのものではなくなってきていたのです。

山崎　なるほど。

ジョン　私の役割は、ニューヨークの人々の心にナイキというブランドを取り戻す方法を定義することだったのです。そこで、ナイキとストリートとの関係性を構築することに力を注ぎ、ストリートのリアルな声をクリエイティブワークに取り入れるようにしました。

このプロジェクトに関わり始めたのは、W＋Kに勤務してまだ4日目のことだったのですが、この「City Attack」は、今でも自分のやってきた仕事の中で一番好きな作品の一つです。

山崎　ナイキというブランドを、スポーツ用品のブランドからストリートブランドに拡張することに貢献されたのですね。

ジョン　私はその動きの一部を担いました。ナイキ自身もすでにそういう方向に向かって取り組んでいましたから。それに、90年代半ばというのは、まさにストリートファッションが注目され、時代のアイコンとなった時期ですからね。その一部に携われたのは幸運だったと思います。こうした経験によって、私はポップカルチャーやストリートカルチャーとの特異なコネクションを築くことができました。

山崎　たしかに、当時は広告代理店で働きながらストリートやポップカルチャーと接点を持てる人はあまりいなかったでしょうね。

ジョン　その後1997年にこのニューヨークのキャンペーンで一緒に仕事をしたジミー・スミスと『Soul of the Game』という本を出版しました。ニューヨークのスラム街に存在するバスケットボールの伝統とそこのプレイヤーたちをクローズアップする内容で、この本は国際写真センター（ニューヨーク）をはじめとする数々の美術館でも展示されました。

私は友人たちを展示に招待したところ、多くのファッション業界の友人、ストリートやバスケット関連の友人、さらにスラム街の友人たちも来てくれました。その時、ファッション業界の人間は「ジョン、どうやってこのスラム街のバスケットボールプレイヤーたちやヒップホップカルチャーの若者と知りあったんだ？」と聞いてくるんです。一方、ストリートの若者たちは「ジョン、こんなお金を持っていそうなファッション業界の人たちとなぜ知りあいなんだ？」と聞いてくる。

私は常にこういうふうに、無数のさまざまなカルチャーを渡り歩いてきたのです。

広告業界の常識を破る

山崎　実際にW＋Kで働かれていかがでしたか？

ジョン　当時のW＋Kは現在のように巨大でなく、200〜300人という規模でした。オフィスも、現在のパール地区でなく、ディーカムヒルにあって、もっと小さくて親密な雰囲気でした。クリエイティビティへの強い愛がある、たくさんの才能ある人々に囲まれて、夢のような時間を過ごしました。

山崎　ブルーミングデールズ時代もご自身のクリエイティブチームを組織されていたと思いますが、それとはまた違った感じだったんですか？

ジョン　違いますね。というのも、私はW＋Kに入るまで広告代理店で働いたことがなかったので。ニューヨークでは、まずジャーナリズムの世界に入り、その後、ブルーミングデールズに移り、ファッションや小売、マーチャンダイジング、マーケティングという世界を経験します。それからW＋Kにクリエイティブディレクターとして赴任しますが、広告の経験はありませんでした。たしかに、私はこれまでクリエイティブビジネスを生業にしてきましたが、新しいステージに飛びこむたびに、これまで経験したことのない、まったく違った業界・ビジネスに足を踏み入れてきたのです。

山崎　あなたの加入によって、W＋Kに変化が起こりましたか？

ジョン　いくらかの変化をもたらしたとは思います。広告業界にいたことのない私の物の見方は、他のW＋Kの人々とはまったく違うものでした。他の業界を経験してきたからこそ、違う視点、違う手法を発揮できたのです。

山崎　具体的にはどのような点で違っていたのでしょうか？

ジョン　たとえば、ごく初期の頃、マイクロソフトのウィンドウズ95のキャンペーンを担当しました。そのコンペのためにクリエイティブチーム全員でバスに乗ってシアトルに行き、スティーブ・バルマーやビル・ゲイツたちにプレゼンテーションをしました。

プレゼンテーションの後、私たちはサプライズを用意していました。マイクロソフトの関係者全員を社員用のジムに連れて行き、ジム全体を第二のプレゼンテーション会場にして、マイクロソフト・ブランドを世界中でどのように見せるかを表現したのです。さまざまな言語で、バナーやパッケージなどを使って、この会社がどこへ向かおうとしているか、そのメッセージを伝えるためには、パッケージはどのようなものであるべきか、小売はどのように展開されるべきかをプレゼンテーションしました。

山崎　あなたはいつもそんなふうにクライアントにプレゼンするのですか？

ジョン　こういう私のやり方は伝統的な広告代理店の手法からは外れていました。ただ、以前仕事をしていた小売業界では当たり前の手法なのです。これは、360度マーケティングとか総合型マーケティングといったアプローチが広告業界で注目されるようになるずっと前のことです。

私は当時からただ広告だけを考えたことは一度もなく、常に文化的な背景を含めて仕事をすることを心がけていました。それを自分の強みにしていましたし、願わくはそれでW＋Kにも貢献できていたらよいのですが。

クライアントと顧客の関係を挑発する

山崎　W＋Kとクライアントの関係についてお聞きしたいのですが、たとえばナイキはあなたが関わる前から独特な方法で自社のブランドを表現していましたよね。

ジョン　スマートなクリエイティブワークがスマートなクライアントをつくります。

ナイキは素晴らしいクライアントでした。彼らは反骨精神があり、現状（体制）を維持することに興味がありません。創業者のフィル・ナイトは非常に野心的な人物で、W＋Kの共同創業者ダン・ワイデンと似たところがありました。彼らの精神は組織全体に伝染する素晴らしいウイルスなのです。

山崎　精神を共有できるクライアントだからこそ、優れたクリエイティブワークが生みだされてきたのですね。

ジョン　一度、W＋Kの企業理念を書きかえようと、ダンたちと議論したことがありました。その時ダンが「いいアイデアがあるぞ！」と、黒板にこう書いたのです。

「Be the eye of cultural storm（カルチャーの台風の目になれ）」

傍観するのではなく、参加するわけでもなく、カルチャーという台風の中心になれと。私にとってこの言葉はとてもエキサイティングなものでした。ですが、クライアントに理解してもらえるような、わかりやすい企業理念ではなかったために成立には至りませんでした。

山崎　もともとのW＋Kの企業理念というのは？

ジョン　当時の企業理念はこうでした。

「We exist to create provocative relationships between good companies and their customers（私たちは、良い会社とその顧客の間に挑発的な関係をつくるために存在する）」

広告という単語は一切使われていません。provocative（挑発的な）がキーワードです。relationshipは対話、感情のこもった関係のことです。good companies（良い会社）というのは、W＋Kがクライアントを選ぶということです。W＋Kはすべての会社にとって理想的な広告代理店ではないのです。つまり、W＋Kは稼ぐためだけに仕事をしているわけではなく、自分たちが重要だと考える価値や原則に基づいて仕事をしているのです。

山崎　とても興味深いですね。

ポートランドから東京へ

山崎　その後、ポートランド以外でもお仕事をされるようになりますよね。

ジョン　ポートランドを拠点に海外の仕事も手がけるようになりました。特に東京や香港など、アジアでの仕事が増えていきました。

山崎　東京に引っ越されたのはいつですか？

ジョン　1997年ですね。ポートランドに暮らして4年後、今度はW＋Kの東京オフィスの開設に関わることになります。最初は東京オフィスの運営を任せるディレクターを探してマネジメントチームを構築するために動いていたのですが、「こんな面白い仕事を他人に任せるなんてどうかしている。自分がこの仕事をやるべきだ」と思い、結局自分で運営することにしました。

山崎　東京オフィスでは、いろいろな日本の企業と仕事をされていたんですよね。

ジョン　東京に来てみて、私は自分のいる広告業界というものにがっかりしていました。日本にオフィスを持っていた欧米系の広告代理店はどこも、日本のクライアントのことなんて考えていなかったんです。彼らの仕事はグローバルビジネスの連絡窓口でした。せっかく日本にいるのに、どうして日本で最高のブランドや才能と一緒に仕事をしないんだろうと不思議でした。

そこで私は日本のクライアントと仕事をし、W＋Kが、海外から日本に進出してきた他の典型的な広告代理店とは違うことを証明しようと決めたんです。私自身、日本のビジネスのマネジメントに関心を持っていて、日本のクライアントとビジネスがしたかったこともあります。

ユニクロを日本での最初のクライアントとして持てたことは本当に幸運でしたね。柳井正さんに初めて会った当時は、ユニクロはまだ東京に1店舗もなかったんです。今では想像しづらいですが。

山崎　他にはどんな企業と仕事をされましたか？

ジョン　森ビルの六本木ヒルズの案件も担当しました。それから、シートベルなどを製造しているタカタや、公文《くもん》のグローバル展開の際のブランディングもお手伝いしました。

東京オフィスで仕事をしていた時期は、私の仕事の50％以上が日本のクライアントだったと思います。そのことをとても誇りに思っています。

四半世紀の街の変化

山崎　少し話が遡りますが、ポートランドに引っ越してこられた時、街の印象はどうでした？

ジョン　すごく小さな街だと思いました。交通量も今よりずっと少なかった。また今のように美食の街ではなく、当時はお気に入りの1軒のレストランにいつも通っていました。そういう意味では、

25年前のポートランドは今とは全然違いましたね。

私はニューヨークという大都会のカルチャーに浸かってきた人間でしたし、一方、ダンは地元志向で、この小さな街を誇りに思っている。こんな2人だからこそ、他にはない素晴らしいパートナーシップを築けたのではないかと思います。

山崎　その頃に比べて、今のポートランドが良くなったところはありますか？

ジョン　まず、住む人々が多様になり、人々の考え方にも多様性が生まれていると思います。なかには、この街の扉を閉じて、アウトサイダーを中に入れたくないと考えている人たちもいます。ですが、どんな生物でも変化せずに生き残ることはできません。自然も、人も、変化を受け入れ進化しなければならないのです。

山崎　そうですね。

ジョン　進化の過程で、時には良いものが失われてしまったり、変わってしまうこともあるでしょう。たとえば、外から人がどんどん入ってくる状況は、経済にとって、良い面と悪い面、両方の影響があるでしょう。

しかし、新しくやってくる人たちは新しいアイデアをこの街にもたらしてくれます。それはこの街にとって必要なものです。なぜなら、都市は常に変化していくべきだからです。そういった新しいアイデアを、昔からこの街にあるもの、この街を素晴らしい場所にしているものと融合することが大切なのです。

私はいつも、最大の危機とは、自分自身がつくりだした体制にあると肝に銘じています。体制というのはすべてを同じ状態で維持するということ、つまりそれは衰退を意味します。

山崎　では、その頃に比べて、今のポートランドが悪くなったところはありますか？

ジョン　古い建物がなくなっていくことを寂しく思うと同時にとても懸念しています。それは地域の基本構造を変え、ネイバーフッド（近隣地区）の住み心地、その場所の個性を変えてしまいます。ポートランドはユニークなネイバーフッドが存在する街としても有名ですから、それらが失われていくのは残念ですね。

別にすべての歴史的な建物を保存するべきだとは思っていません。パール地区にあった古い倉庫街を懐かしく思っているだけです。開発によってあの地区の基本構造は大きく変わってしまいましたから。

これは都市計画にも深く関わってくることですね。最近、ポートランド市は開発を少しスローダウンしているような気がします。古い建物を解体する前に話しあいを持ったりすることは、とても健全な態度だと思います。そうした話しあいのなかで、自分たちの信念や価値に基づくかけがえのないもの、大事なものが何かを確認し、共有していかなければなりません。

山崎　そうですね。

ジョン　開発自体は街の発展の過程ですし、デベロッパーに対して反感を持っているわけではありません。ですが、建てるのであれば、理念を持って美しいものを建ててほしいのです。

山崎　たしかに、そういう美しい建物はまだあまり建てられていませんね。

ジョン　美しくないものをどうしてつくる必要があるんでしょう？

山崎　この街にはたくさん建築家がいますが、美しい建物をデザインすることよりも、クライアントの望むテイストに合わせてデザインしているのかもしれませんね。

ジョン　もしくは、お金や権威が望むテイストに合わせてね。多くの建築家は、最高の建築を建てられない理由を、予算不足のせいにしますが、決してそうではありません。才能のある建築家というのは、少ない予算でも素晴らしいものをつくりだしますから。建築家にもっと自由につくれる環境を与えるべきではないでしょうか。

インディペンデントな精神がつくる街

山崎　W＋Kの成功にポートランドの街はどのように関わっていると思いますか？

ジョン　ナイキもW＋Kもポートランドが発祥です。もし彼らがシカゴやロサンゼルス、ニューヨークで創業していたら、今とまったく別の社風になっていたでしょう。

ポートランドのカルチャーはアウトドア志向です。海と山が近く、よくデザインされた街です。こういった環境が、成功するためには、体制に依存する必要はないことを私たちに教えてくれます。それがナイキやW＋Kを成長させたのです。

ポートランドはアメリカの〝上の方の左の端っこあたり〟にあり、しかもシアトルやバンクーバーといった大きな都市ではありません。巨大な街の力、産業の力といったものから遠く離れていること、それこそがポートランドをユニークにしているのです。つまり、メインストリームから外れているからこそ、インディペンデントな精神が生まれ、自分たちの独自のやり方で生き残る術を磨くことができるのです。このインディペンデントな精神は、私たちが毎日飲む一杯の水にも流れているのです。

山崎　興味深いですね。

ジョン　都市のクリエイティビティというものは、組織や体制が生みだすのではなく、個人によって生みだされるものなのです。

この街のあちこちに素晴らしいレストランができたのは、行政がそうしたムーブメントをつくっているからでしょうか？　そんなわけありませんよね。たしかに行政は地区の発展を支援しているでしょう。しかし、この街に優れたレストランが多いのは、自分のレストランをここで開きたいというシェフたちの個性が起こしている現象なのです。

もう一つ、この街の人々の精神を象徴する出来事として記憶に残っているのは、人気のタイレストラン Pok Pok のオーナーシェフのアンディ・リッカーが、友人のレストランに投資したことです。シェフが他のシェフのレストランに投資するなんて、他の街ではほとんど起こりえないことです。

山崎　同感です。この街では、シェフ、メイカー、デザイナーなどが互いに助けあい、コラボレーションをしています。どうして人々はライバル同士でも助けあうのでしょうか?

ジョン　それは、小さなプレイヤーたちが集まった街だからです。コカ・コーラがペプシコーラを手伝うと思いますか?

山崎　いいえ(笑)。

ジョン　この街のプレイヤーたちは、他の人たちが成功するのを見たいのです。他の人々の見ている夢を知りたいのです。ですから、競争的なビジネスの本質に反して、ここには互いに助けあおうというコミュニティの種のようなものがあります。そして、コミュニティの内部で互いに助けあうことで、よそ者に頼る必要がなかったのです。

山崎　この街では地元のリソースを使って、経済を共有していますよね。シェアリング・エコノミーは今や世界的な現象ですが、ポートランドのクリエイティビティもこのシェアという精神によって支えられているように思います。

チャイナタウンの再開発計画

山崎　W＋K在籍時に、ポートランドの街や地場企業のクリエイティブディレクションに関わったことがありますか？

ジョン　W＋Kの仕事としてではありませんが、個人的にこのスタジオがあるチャイナタウン地区の再開発に積極的に関わってきました。

山崎　その頃、チャイナタウンはどんな場所だったんでしょうか？

ジョン　今ほど閑散としてはおらず、まだ営業している店が何軒かあって、日曜になると家族連れがやってきて、レストランで飲茶を食べたりしていました。

山崎　この場所にエネルギーを注入する必要があると感じたのですか？

ジョン　すでに衰退の兆しが見えていたからです。それで、復活を遂げた他のチャイナタウンのことを調べたりして、このエリアの可能性について考えました。そんな時、宇和島屋プロジェクトのことを聞き、関わることになったのです。

山崎　このチャイナタウン地区の再開発計画について、もう少し説明をした方がいいかもしれませんね。２００８年頃、あなたは、エースホテルのアレックス・カルダーウッドやタイレストラン

上／現在のチャイナタウン
下／チャイナタウンにあるジョン氏のスタジオが入るビル

Pok Pokのアンディ・リッカーらとコラボレーションして、チャイナタウン地区に、アジアの新たなストリートカルチャーを注入して再開発につなげる大きな構想を立ち上げました。ポートランド市開発局（PDC）もこの地区の再開発のために数百万ドルの予算（TIF）を用意していました。

ジョン　私はこの辺りの土地を所有する人物に会いに行き、チャイナタウンの将来像や可能性についてプレゼンテーションをしました。アジアの現代建築やデザインなどについて紹介したところ、地元の人々は現代のアジアで起こっていることについてまったく知らないということがわかりました。「チャイナタウンを歴史的な様式だという固定概念に縛りつけないでください。アジアでは今こんなにエネルギッシュに建築や都市が変わっているのです」と説明しました。そうやって、地元の関係者と対話をするなかで、新しいアイデアを注入しようとしたのです。

山崎　その再開発はチャイナタウンのエリア全体を対象にしていたのでしょうか？

ジョン　エースホテルから始まって、パウエルズブックスの前を通り、パール地区のPNCA（パシフィック・ノースウエスト・カレッジ・オブ・アート）の前を通り、チャイナタウンをつなぐ計画でした。私はこのプロジェクトを「Creative Corridor（創造的な回廊）」と名づけ、この地区にあるクリエイティブな場所をすべて網羅する構想でした。

アジアから来るクリエイターと地元のクリエイターが交流できる場所をチャイナタウンにつくる計画もありました。デベロッパーのゴールドスミス社、エースホテルのアレックス、Allied Works

Architecture のブラッド・クロエフィルがコラボレーションして、チャイナタウンの入口にあった荒廃したホテルを Creative Corridor の終着地点として改築しようとしていました。

山崎　その他にも、この地区にはあなたのスタジオ Studio J、元ナイキのシューズデザイナーが運営するアスレチックシューズのデザインスタジオ PENSOL、アンディの新しいレストラン PING が立地し、日系スーパーの宇和島屋がこの地区のアンカーテナントとなるはずでしたね。

ジョン　私たちの構想では、この地域の人々、ローカルコミュニティと、世界中の若いクリエイティブな人々をつなぎ、このエリアをもっと若々しくクリエイティブなコミュニティにしていきたかったのです。

しかし、2008年のリーマンショックからの長引く不況により、宇和島屋は計画から撤退、アレックスの突然の死でホテルの再開発が中止になり、その後 PING も閉店が決まり、Creative Corridor 構想は現在も中断したままとなっています。この計画はうまくいきませんでしたが、この場所ならではのユニークさを発揮させるために、私はこのエリアに関わり続けています。

居心地のよい場所にとどまるな

山崎　2015年に22年間在籍されたW＋Kを辞められて、ファーストリテイリングに移られました。新しい環境でのお仕事は楽しいですか？

ジョン　楽しい？　いいえ。馴染みのある居心地のよい場所にとどまるのは簡単すぎますから、常に新しい領域に自分自身を向かわせなければなりません。クライアントに対しては、リスクをとっていないとか、新しいアイデアを理解していないとか、いろいろ言いますが、実際には、クリエイターこそ最も保守的な人種なんです。

山崎　面白い指摘ですね。

ジョン　私たちは心地よさというものに蝕まれすぎています。クリエイターというのは本来、自分を長い間快適な状態にしておくべきではないのです。自身の鋭さや感受性といったものを失ってしまうからです。

　私は、W＋Kで所属していたグローバルマネジメントチームから退き、もっとグローバルでパワフルな仕事をするためにファーストリテイリングのグローバルクリエイティブ統括として働くことにしました。現在、東京とニューヨークに新しいオフィスをオープンして、クリエイティブチームを構築しているところです。

山崎　２０１７年春に有明に竣工したユニクロの新社屋「UNIQLO CITY TOKYO」では、あなたが施設のコンセプトづくりを担当し、内装設計はポートランドのAllied Works Architectureが担当しているそうですね（16～17頁）。

ジョン　この社屋のデザインは、私のキャリアの中でもとても重要なクリエイティブワークになりました。コミュニティをデザインすることで、ユニクロの企業文化を変えることを目指しています。

山崎　今は、東京とニューヨークで過ごすことが多いのでしょうか？

ジョン　そうですね。毎月、行ったり来たりしています。

山崎　ニューヨークや東京で必要なものはすべて揃いそうなものですが、なぜこのポートランドのスタジオ（Studio J）も維持されているのですか？

ジョン　この街には面白いケミストリー（不思議な作用）があるからです。

山崎　このポートランドのオフィスではどのような活動をされているのでしょうか？

ジョン　このオフィスは、ユニクロの経営層やクリエイターたちが本社を離れて議論を深める場所になっています（14〜15頁）。ニューヨークや東京のオフィスにいると、スケジュールに追われて、深く考える時間がなかなか持てませんから。日常の場所や職務を離れ、新鮮な視点で戦略やアイデアを考え議論する時間を持つことは大切です。

山崎　その通りですが、簡単にできることではありませんよね。でもまさか、この街のダウンタウンで最も荒廃が進んだ地区にあるこのビルに、日本一の富豪がやってきて、戦略会議をやっているなんて、この街の人はほとんど誰も知らないでしょうね。

ジョン　おそらくね。でも誰にも知られずにグローバルにつながっている場所なんて、この街では別にめずらしいことではありません。

山崎　それが今の時代らしいですよね。ローカルに知られるより先にグローバルにつながっているという状況が。

リミックスから生まれるカルチャー

ジョン　現在クリエイティブな若者は世界中でつながっています。ユースカルチャー（若者文化）とはそういうものなのです。

山崎　ユースカルチャーがストリートカルチャーを生みだしますよね。

ジョン　もちろんそうです。この街にとってスケーター文化はとても重要なんです。

山崎　どういうことでしょうか。

ジョン　まだディヴィジョンストリートが有名になる前、アイスクリームショップの「コールド・ストーン・クリーマリー」がオープンしました。この店がオープンするとすぐ、おしゃれな日本人の若者たちの行列ができました。私は彼らがどうやってこの店を知ったのだろうと不思議に思いました。実は彼らは、スケーターの情報誌を見て、バーンサイド・スケートパークにわざわざ日本からやってきていたスケーターで、地元のスケーターとお互いに情報交換し、この店にやってきたのです。

山崎　そこでつながっていたんですね。

ジョン　彼らがポートランドに来るのに、政府からの招待状なんていりません。学校の先生から教えてもらう必要もありません。メディアから情報を得る必要もありません。金持ち同士、年寄り同士でつるみ、居心地のよい象牙の塔にこもっている大人たちが、この街で起こっていることを最後に知るのです。

山崎　なるほど。

ジョン　いろいろなものが混ざることで、活気のある社会が生まれるのです。これこそがアメリカが実践してきたことです。かつてのマンハッタン、今のブルックリンなどがそうです。さまざまな年齢、階層、分野を混ぜあわせる状況が生まれた時、マジックが起こるのです。

スケーターたちが集まるバーンサイド・スケートパーク

山崎　この街でもそれは起こっているでしょうか？

ジョン　外食産業というのは、まさにいろいろな年代、分野、階層の人々が集まる場所です。この街でも、レストランブームの初期の頃は、多様な人々を同時に惹きつける店が多かった。大都市ではそんなことは起こりませんよね。お金を持っている大人と、お金のない若者は同じ場所では食事をしません。

リミックスとは、どんなカルチャーにおいても秘密のソースなのです。そして、それはいつも若者がいるところで起こるのです。

山崎　あなたは、今でもそうした動きに関わっていますか？

ジョン　ええ。カルチャーに関わりその流れの中にいること、それが私の活動のすべてです。その流れは世界中に、そして多様な分野に広がり、時に高くなったり低くなったりしますが、私のやっていることはずっと変わりません。

クリエイティビティの本質

山崎　あなたにとって、クリエイティビティとは何でしょうか？

ジョン　クリエイティビティにもいろいろなレベルがあります。私が惹きつけられるクリエイティビティというのは、大きな問題を、挑発的で、型にはまらない、独創的な方法で解決するものです。

私はこの「挑発的」という言葉をよく使います。それは私にとって重要な言葉なのです。単なる表現のやり方ではなく、受け手にこれまでとは違う考えや感情を起こさせるアイデアや作品のことです。クリエイティブな作品の中には、単なるデコレーションのようなものもあります。私にとって楽しめる作品というのは、そういうものではなく、新しい考えや感情を呼び起こすものです。単なる表面的なものではなく、その背後にもっと深い意味や文化との関わりがあるものです。それこそが私にとってのクリエイティビティです。

山崎　たとえばアートを見て、心の中の違う場所が開いていくような、そういう体験のことですね。

ジョン　それこそがアートの存在意義です。アートとは、商業的な利益に左右されることなく、他の人々の意見に影響を受けずに、自分自身の心のうちから生まれてくるアイデアを共有する自由を持つものであってほしい。

アートの世界では今、売るためのアートがたくさんつくられています。もちろん、生活するためには、売れる作品をつくらなくてはなりませんし、売れるアートが必ずしも悪いわけではありません。売れるアートが挑発的な作品であること、まったく新しいものであることだってありえるのです。それができた時、そのアーティストは成功を手に入れるのです。

山崎　なるほど。

ジョン　人によって成功の定義は違うでしょう。私の息子たちは、それは成功ではないと思うかもしれません。ですが、成功への第一歩は、挑発的で、ありきたりなものでなく、人々に何か新しいものを考え、感じさせること。まずはそこからです。

山崎　最後に、ポートランドとはあなたにとってどんな街ですか？

ジョン　まず第一に、私の家です。東京やニューヨークでも仕事をしていますから、たくさんある家のうちの一つですが、でもここは私の核です。世界中の都市に行きますが、この街は自分の柱になっているのです。大きな理由は、今話してきたようなインディペンデントという価値がここにあるからです。

山崎　ポートランドはこれからもあなたの家であり続けるでしょうか？

ジョン　そう思います。激しい変化の只中にある街にいることは、とてもエキサイティングなことですから。

（２０１６年12月　Studio Jにて）

PORTLAND MAKERS

Fail Forwardから生まれるイノベーション

南トーマス哲也

Tetsuya Thomas Minami

PROFILE

NIKEイノベーションキッチン エキスパートデザイナー／イノベーター。1979年アメリカ・ニュージャージー州生まれ。1歳半から高校時代までを大阪で過ごす。1998年再渡米。カリフォルニア州立大学ロングビーチ校で工業デザインを学ぶ。卒業後、NIKE に入社。次世代のプロダクトを担当する、現在NIKEで唯一“エキスパート”の称号を与えられたフットウェアデザイナー 。2004年よりポートランド在住。

NIKE

約1万人が働くNIKE本社。広大な敷地内の施設群はキャンパスと呼ばれている

キャンパス内にあるミュージアムには、車でシューズを販売していた創業当時のレプリカが再現されている(上右)。キャンパス内にはサッカーグラウンドもある

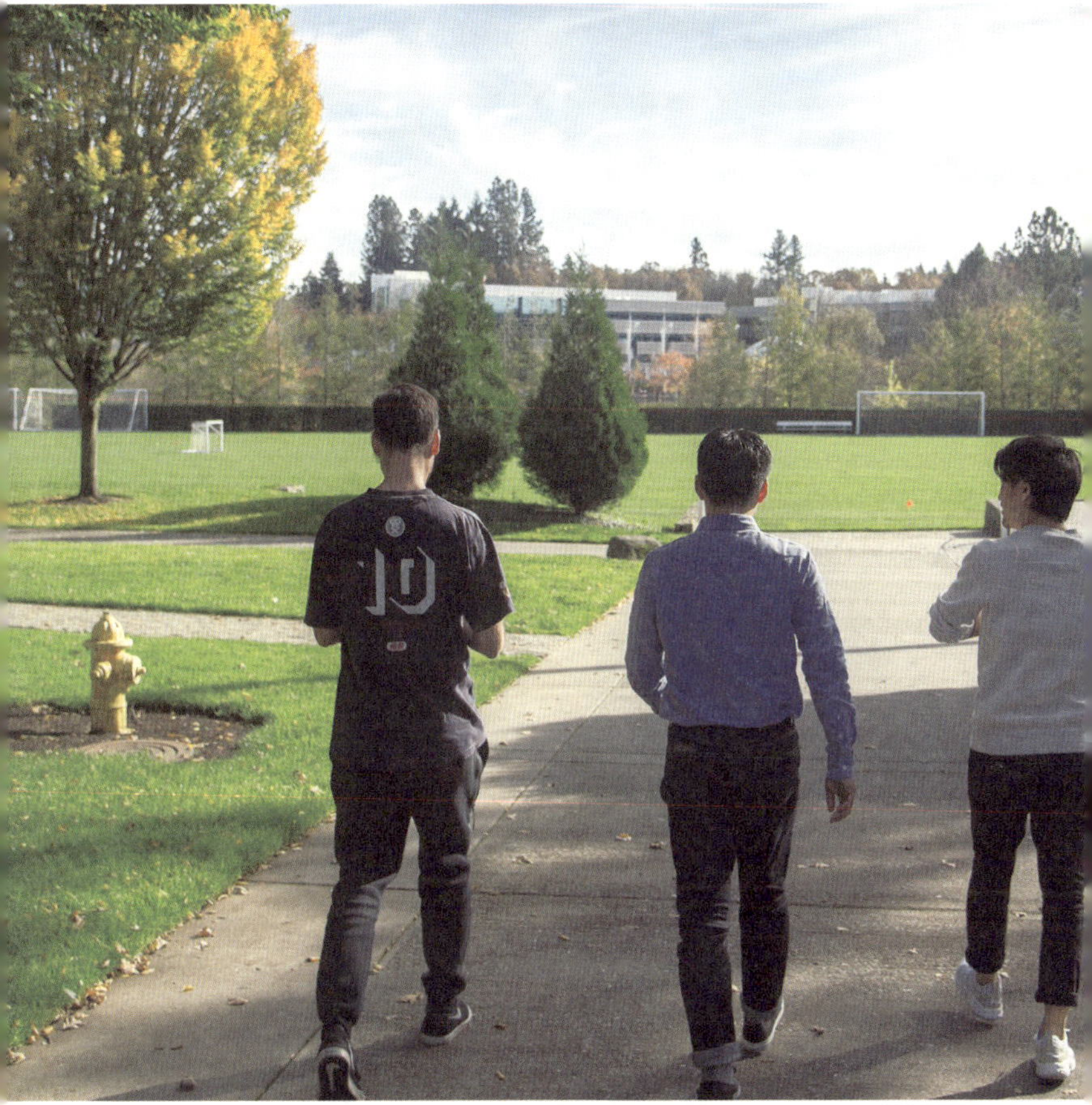
10

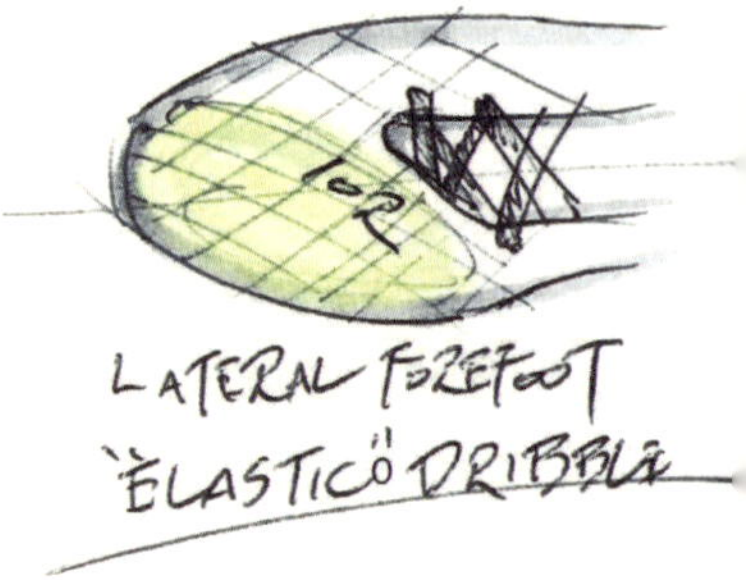

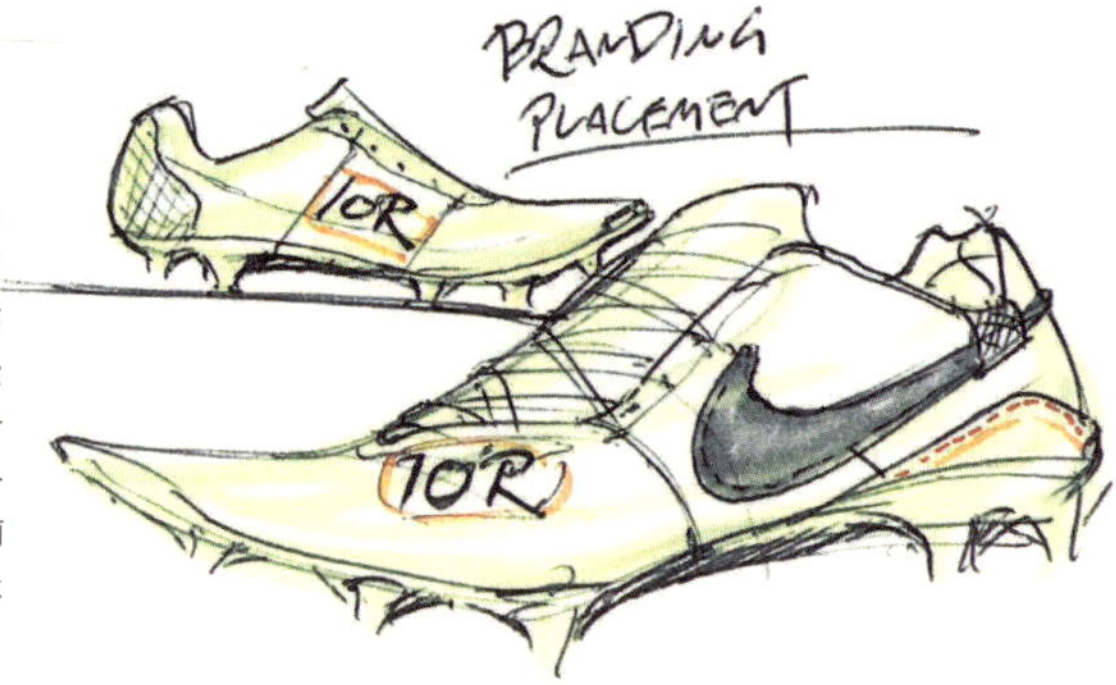

ロナウジーニョ選手と開発したスパイク「ナイキ ロナウジーニョ ドス」(次頁下右)、コンセプトスケッチ(上)、ロナウジーニョ選手とのミーティング(次頁下左)。南氏がデザインに携わったシューズ(下右)

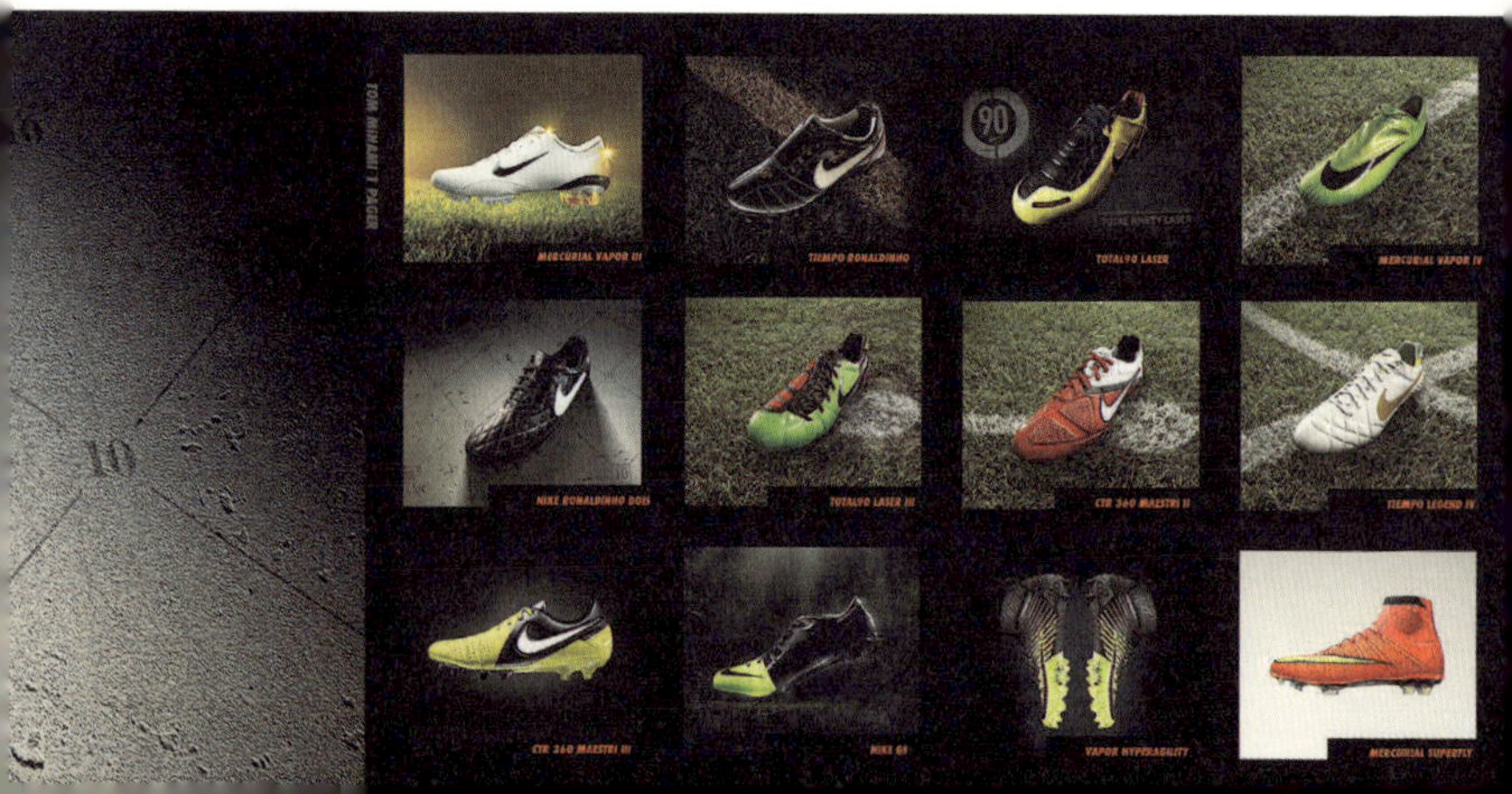

RUBBERIZED TIP
"ELASTICO"
LASER LINE
"TOE KICK"
HEEL TOUCH
BALL GRIP STUDS.

"FUTSAL" SHOES
INSPIRED BY 10R'S YOUTH.

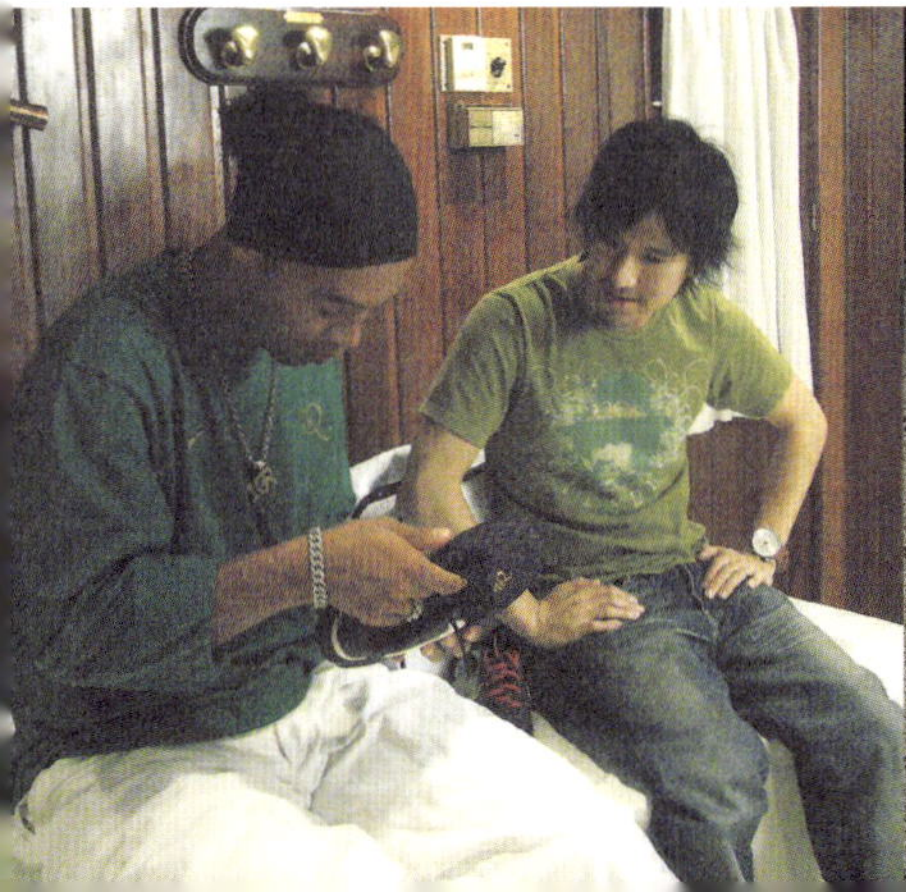

上から、「グリーンスピード(GS)」、「マーキュリアルヴェイパー III」、「ナイキ トータル90 レーザー」

南トーマス哲也

PEOPLE CHANGE
WHEN THEY FACE
THE MENTAL
AND PHYSICAL LIMIT
THEY HAVE NEVER EXPERIENCED BEFORE.
THEY GAIN LARGER PERSPECTIVES
WILL BE ABLE TO SEE THINGS WITH MORE HOLISTICALLY.

**今まで経験したことがないようなところまで
精神的にも肉体的にも追いつめられると、人間は変われる。
視野も広がり、物事を多面的に捉えることが
できるようになる。**

大阪のサッカー少年、アメリカへ

山崎　トムさんは、ポートランド近郊にあるナイキ本社でシューズのデザイナーとして活躍し、現在は「イノベーションキッチン」という部署でものづくりのイノベーションに関わっています。トムさんにはナイキのクリエイティブなものづくりと、スポーツビジネスと街との関係についてお聞きしたいと思います。まずは、トムさんがアメリカでデザイナーになるまでの経緯を教えてもらえますか。

南　僕は小さい頃からずっとプロのサッカー選手になりたいと思っていました。エンジニアをしていた父の仕事の関係でアメリカのニュージャージー州で生まれたんですが、1歳の時に日本に帰国してからは、大阪で暮らしていました。

小学校から高校まで地元のサッカーのクラブチームに所属していました。そのチームが当時、後々Jリーガーになるような選手もいるくらいタレントが揃っていて、Jリーグの下部組織のチームと互角以上の試合をしたり、全国大会（日本クラブユースサッカー選手権）で3位に入るくらい強いチームでした。高校3年生の時に大阪で国体が開かれたのですが、ちょうど僕の生まれた1979年はゴールデンエイジと言われた世代でサッカー選手の層が厚く、残念ながら僕はその選抜チームに入れませんでした。そのあたりからプロのサッカー選手の夢は諦めるようになりました。

山崎　それで、アメリカへ?

南　アメリカ国籍を持っていたことと、もともと映画が大好きで、カリフォルニア州立大学ロングビーチ校は、映画監督のスティーブン・スピルバーグが卒業するなど、映画芸術を学べることで有名だったので、そこに進学することに決めました。ただ、映画監督や脚本家ではなく、映画に出てくるセットやキャラクターをデザインする方に興味を持っていました。

ところが、映画専攻では僕のやりたかったものづくりやデザインの授業がほとんどなかった。それで先生に相談したら、工業デザインの方が向いていると言われて専攻を変えました。工業デザインの勉強はとにかく死ぬほど忙しかった。ずっと大学で寝泊まりして作業するという生活を続けて、結局卒業まで5年半くらいかかりました。でもそのおかげで、デザイナーとしての基礎技術や問題を解決する基盤をつくれたのは良かったです。

山崎　アメリカの大学は大変ですよね。僕も死に物狂いで卒業したから。

南　工業デザイン専攻の学生は3年生からインターンシップとして企業で働き始め、卒業後そのまま仕事に就くことが多い。僕もいくつかの企業でインターンをしましたが、なかでもサンタモニカにあるおもちゃのデザイン会社が面白かったです。大学4年生の時に週2、3回働いていたのですが、とにかくおもちゃの会社らしい遊び心あふれる職場環境が最高でした。スタッフが小さなおもちゃのミニバイクをオフィスで乗り回していたり、相手を呼ぶ時もおもちゃの鉄砲を撃って呼んだり、体験しながらクリエイティブなアイデアをぶつけあうチームとその環境が好きでした。もしナイキに就職していなかったら多分トイデザイナーになっていたんじゃないかと思います。

山崎　学生の頃からそんなふうに実務経験を積むわけですね。

南　卒業する段階で2年程度の実務経験があるというのが、アメリカのデザイン専攻の学生では一般的ですね。

ナイキで働く

山崎　ナイキに就職するきっかけは？

南　工業デザイン学部では卒業生たちの作品を紹介する展示会をします。その展示会にプロのデザイナーや企業のリクルーターが来られて、面談や引き抜きをします。そこでナイキのリクルーターから声をかけていただいたのがきっかけです。

山崎　どんな作品を展示していたのですか？

南　サングラスで有名なオークリー（OAKLEY）とコラボレーション・プロジェクトという形で進めていたダイビング用のスノーケル、フィン、ゴーグルといったセットをメインに、医療器具や家具も展示しました。

山崎　ナイキのリクルーターとはどんな話を？

南　当時、ナイキでは「ベンチデザイナー」という、どのカテゴリー（部門）にも属さず、助けが必要な部門を渡り歩いてサポートする、デザインアソシエイト的な職種で僕に来てほしかったみたいです。

今考えてみたらゾッとしますが、僕は当時ナイキという会社の規模の大きさを知らなかったのか、卒業することに浮かれていたのかわかりませんが、「じゃあ、サッカー部門でデザインさせてくれるんだったら面接に行く」と、生意気にも答えてしまいました。そしたらリクルーターの人が当時のサッカー部門のデザインディレクターにその場で電話をしてくれて、特別に本社で面接をしてもらえることになりました。

南氏（右）と山崎氏（左）

山崎　実際に面接でナイキに来てみて、会社のイメージは変わりました？

南　会社に来るなり規模の大きさに圧倒されて、これはヤバイと思いました（50〜53頁）。面接は1日で何回もさまざまなチームとしましたが、今でも覚えているのが、１９９５年に発売された「エアマックス95」という世界的に有名なシューズをデザインしたセルジオ・ロザノが実は僕と同じ大学の工業デザイン学部の先輩で、面接の場でも面倒を見てくれました。

山崎　そうして面接を無事クリアしてナイキに入社できたんですね。

南　そうですね。その当時、シューズのデザイナーに日本人はいなかったし、サッカー経験者も少なかったので、重宝したのかもしれませんね。そういうダイバーシティ（多様性）をすごく大事にする会社なので。

結局わがままを言ってよかったのか、僕は「デザイナー1（ベンチデザイナーより一つ上のランク）」として採用してもらいました。

山崎　その当時、サッカーのカテゴリーのデザインチームは何人くらいいたのですか？

南　当時のシューズのデザイナーは、僕を入れて4人という小さなチームでした。それ以外にボールやキーパーグローブなどの備品のデザイナー、アパレルのデザイナーも数名いました。僕が入社した２００4年頃はサッカーのビジネス規模は今と比べると小さかったんです。そのおかげで当初は比較的自由にやらせてもらえて、いろいろな経験ができました。

山崎　今は何人くらいいるんですか？

南　ナイキのフットウェア部門は大きく〝イノベーションキッチン〟と〝カテゴリー〟に分かれています。イノベーションキッチンは4～5年先を見据えていろいろなスポーツのプロジェクトに関わり、次世代の機能性、製造方法などに携わる部署です。カテゴリーはランニング、サッカー、バスケットボール、テニス、ゴルフ、ジョーダン・ブランドなど各スポーツに特化した部署で、商品として市場に出る物の大半は各カテゴリーでつくられています。現在サッカーに関わっているデザイナーはイノベーションとカテゴリー含め15人くらいだと思います。

山崎　最初はどういうプロジェクトから始めたのですか。

南　シューズ全体をデザインするにはまだ経験が足りなかったので、シューズのデザインのグラフィックからでした。2006年のワールドカップで使われた「マーキュリアル　ヴェイパーⅢ」（56頁）などを担当しました。

ロナウジーニョのスパイクをデザインする

山崎　初めてシューズをデザインしたのは、入社してどれくらい経ってからですか？

南　シューズをデザインしたのは入社して1年目でしたが、2年目にブラジルのロナウジーニョ選手のスパイクをデザインするというチャンスが訪れた時、僕は彼を神様だと思っていたので是非やらせてくださいと直訴しました。その当時もサッカーのデザインチームは人数が少なく、入社2年目の僕が、本来シニアデザイナーがやるようなプロジェクトを無理にお願いして担当させてもらうことになりました。

山崎　スパイクのデザインはどのように進めていくのですか？

南　まず、デベロッパー、デザイナー、マーケティングの3人で一つのチームをつくります。そのチームのメンバーで、アスリートに会いに行ったり、市場リサーチをしたりして「BRIEF（製品企画書）」というものを作成します。それを基にデザインをして、テストを繰り返し、修正しながら開発を進めていきます。

ナイキはアスリートのフィードバックを商品開発の上でまず第一に考えるので、デザインの過程でロナウジーニョ本人や彼の家族に何度も会って話を聞いたりしました（55頁）。スパイクをデザインする際に、選手のプレイスタイルや、ボールの触り方といった機能面も重要ですが、それとは別に選手の性格やピッチでのスタイル、ピッチ外での生活スタイルなどパーソナルな部分を理解することも大事なことなんです。

山崎　ロナウジーニョからはどんなリクエストがあったのですか？

南　彼の場合は比較的リクエストは少ない方でしたが、こだわりを持っていたのは素材の柔らかさと、彼のプレイスタイルとは逆の感じがしましたが、クラシックなスパイクのデザインを好んでいました。彼にスパイクの試作品を見せてビックリしたことは、使う素材の革がどれくらい柔らかいか、実際に噛んで確かめることでした。

ロナウジーニョのモデル「ナイキ ロナウジーニョ ドス」（2008年）には天然皮革を使いました（55頁）。通常、革は製造過程で何度も表面にコーティングしますが、試行錯誤を繰り返して革本来の柔らかさをなるべく活かすためにコーティングを最小限にしたり、またそのせいで革が伸びやすくなるのを防ぐためにキルティングのステッチを入れたり、ロナウジーニョのプレイスタイルや好みに合わせてたくさんの工夫をしました。

山崎　素材以外に、デザインで工夫した点はどこですか？

南　ロナウジーニョは、幼い時にフットサルで培った爪先や踵《かかと》を使ったキック、エラシコ（フェイント）をよくピッチで使っていたので、そのプレイスタイルに有効なスパイクのコンセプトを、僕らの方からよく提案しました。

一般的にアスリートは、履き心地やフィット、クッション性など問題点を指摘するのには慣れていますが、そういった問題をどうやって改善するのか、または自分のプレイスタイルに合わせるためにこうした方が良いとか、具体的にアイデアを言える人は極めて稀です。だから、僕たちの仕事は、アスリートが考えている、または予測している以上のものを提案することによって、お互いの信頼を深め、彼らにより高いパフォーマンスを出してもらうことです。

山崎 アイデアを形に落としていくデザインのプロセスを具体的に教えてもらえますか？

南 デザインのプロセスはプロジェクトによって変わってきますが、スパイクの機能面をデザインの表面に浮かびあがらすことから始まります。そこからそのシューズのコンセプト、そしてストーリーを基にインスピレーションになるようなイメージ、サンプルを集めたりします。たとえばロナウジーニョのコンセプトは「MODERN CLASSIC」でしたが、彼のストーリーを伝えるためにステッチを強調するアイデアはジーンズから出てきました。このようなイメージを集めてコンセプトスケッチを描きます（54〜55頁）。そこからディテールを検証し、図面に起こし、リアルなイメージで表現していきます。

山崎 このプロジェクトはどれくらいで完成したのですか？

南 1年半から2年くらいですね。もっと短期間で製品化したものもあります。イングランドのルーニー選手を中心に使用してくれた「ナイキ トータル90 レーザー」（2007年）というモデルは14カ月で開発しました（56頁）。

このシューズのコンセプトは「POWER & ACCURACY」で、インステップで蹴る部分はよりフラットな面になるように、フリーキックでスピンをかけるキックは摩擦力が上がるように部分的にひねりを加えたりし、強力なシュートや高精度なキックにこだわったモデルです。デザインもシンプルかつ大胆で、ルーニー選手のアグレッシブなプレイスタイルに合わせるように心がけました。

山崎　このモデルがこれまでで一番短期間でできたものですか？

南　一番短期間でつくったのは、ロンドン・オリンピックの時にブラジルのネイマール選手のためにつくった2012足限定モデルで、10カ月くらいで完成しました。「グリーンスピード（GS）」（2012年）というモデルで、最も高機能で、最も軽量かつ最も環境に優しい素材でつくる「究極のスパイク」というのがコンセプトでした（56頁）。素材もオイルベースではなくて、キャスタービーンというオーガニック素材をベースに、リサイクルの素材はもちろん、接着剤も環境に配慮した水ベースのものを使用しました。

山崎　たくさんの選手のシューズを手がけてきた

「ナイキトータル90レーザー」を一緒に開発したルーニー選手(中央)たちと南氏(左)

TOTAL90 LASER

MERCURIAL VAPOR IV

CTR 360 MAESTRI II

TIEMPO LEGEND IV

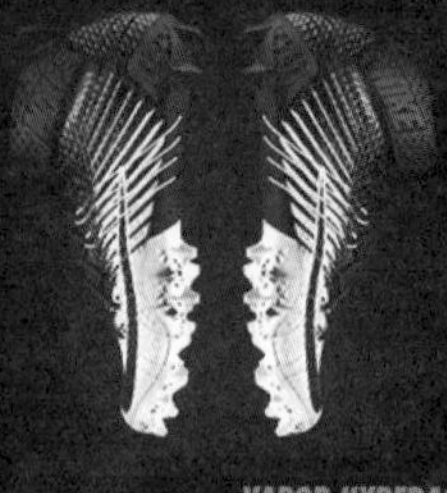

VAPOR HYPERAGILITY

MERCURIAL SUPERFLY

南氏がデザインに携わったシューズ

んですね。

南　僕がサッカーのカテゴリーでシューズのデザインを手がけたのは、２００６年のワールドカップから始まり、２０１４年のワールドカップが最後になります。

その間にいろいろな貴重な経験をさせてもらいましたが、ナイキのデザイナーとして求められるスキルは、機能面やテクニカルなスキル「SCIENCE」、新しいものを生みだしそれをビジュアル化するスキル「ART」、アスリートまたは消費者と感情面で共感を得られるようなスキル「STORY TELLING」が重要であると、最近感じています。

ものづくりの限界をなくす、イノベーションキッチン

山崎　２０１２年から「イノベーションキッチン」に移られたそうですが、そこではどういう仕事をやっているのですか。

南　各カテゴリーに所属しているチームは、与えられたプロジェクトをこなすのが一般的ですが、イノベーションキッチンでは、与えられた仕事は7割、残り3割は自分でプロジェクトを立ち上げて、会社の未来を築き、スポーツ業界またはそれを超えて革命を起こしていくという一種の社内起業家の集まりのようなものです。

「イノベーションキッチン」という名前の由来は、シェフがキッチンで新しいメニューを考える時にいろいろな食材や調味料を混ぜ合わせて試行錯誤を繰り返し、新しいものをつくりだすというコンセプトにあります。また、ナイキの共同創業者ビル・バウワーマンが自宅のワッフル機にゴムを流し込んでランニングシューズのソールの試作品をつくったのも、その理由の一つです。

イノベーションキッチンは、新しいことにどんどん挑戦して失敗しても許される部署なんです。ここでのミッションは、ものづくりの限界をなくすことです。

山崎　究極のものづくりですね。

南　機能面から新しいものをつくるなり、新しい製造方法を開発するなり、人それぞれアプローチの仕方はさまざまです。

チームづくりも独特なんです。たとえばある素材について知りたかったら、それを専門にしている人とチームを組むし、素材のチームが面白いアイデアを思いついたらデザイナーと組んでビジュアル化する。そういう、自然発生的でオーガニックなしくみが、イノベーションには

イノベーションキッチンの入口のサイン。
限られた社員しかアクセスができない

必要なんじゃないでしょうか。

山崎　何人くらいの組織ですか？

南　詳しい人数は公表していないんですが、全社員の1％に満たないくらいの人数しかキッチンにアクセスできません。

　先に話しましたが、各カテゴリーでは製品を開発する際にマーケティング、デベロッパー、デザイナーの3人がチームを組むんですが、イノベーションキッチンにはマーケティングのスタッフはいないんです。なぜなら、マーケティングのスタッフは、世の中のトレンドを基準にこれからつくるものを判断しがちだからです。イノベーションキッチンはマーケティングやトレンドを気にせずに自分たちで新しい未来を築いていこうと考えている人の集まりですね。

山崎　デザイナーの他にどういう職能の方がいますか？

南　素材、人間工学、ロボット工学、化学といったようなさまざまな分野のエキスパートや、実際に試作品をつくるチームもいますし、アスリートを呼んでテストをしたり、研究室で実験をしたり、コンピュータでシミュレーションをしたりと、結構マニアックな世界です。

　先ほど言った通り、ランダムにチームがつくられることが多く、自分のプロジェクトだけでなく、他の人のプロジェクトにも喜んで力を貸せる、自発的で柔軟な考えとパッション（情熱）を持った人が多いのも特徴ですね。

山崎　ナイキはグローバル企業だし、世界中のマーケットシェアも大きい。今後も成長し続けていくと思いますが、トムさんはナイキのどういう点が今後イノベーティブで面白くなると思っていますか？

南　２０１５年、ナイキの社長兼ＣＥＯのマーク・パーカーが「Double Our Business, With Half The Impact」というサステイナブルビジネス・レポートを発表しました。現在のものづくりのしくみで二酸化炭素の排出量を半分にしながら、より多くのプロダクトを生産するなど、とてつもなく大きな目標を掲げています。イノベーションのチームのメンバーとしてどうやってそのゴールに近づけるか、とても楽しみにしています。

インスピレーションを得るために

山崎　普段の生活でどういうところからインスピレーションを得ていますか？

南　ナイキには才能に溢れた人がたくさんいますし、イノベーションのデザインチームは半分がアメリカ人、残りの半分は世界中から集まってきた者で構成され多様性が豊かなので、そうした環境からも新しい発見や刺激が得られます。

それ以外に僕たちが心がけているのは、毎日が同じにならないようにすることです。そこで、なるべく会社に行かなくても仕事ができるようにしていきたいと思っています。今チームでは、水曜日にはミーティングを入れずに、どこで仕事をしてもいい日にしています。たとえばダウンタウンのカフェで仕事をしてもいいし、他の企業やクリエイターのところに刺激を受けに行ってもいい。そこで新しいつながりも生まれますしね。

さらに、「インスピレーション・トリップ」といって、刺激を受けに行く出張を組んだりもします。

山崎　これまでどんなところに行きましたか？

南　深いところでインスピレーションを得るには、「クリエイティビティとは何か」「どうやって自分の心地よい範囲から抜け出すか」といったことを問う体験が必要です。たとえば「恐怖を克服しよう」というテーマで、ハワイに行って鮫と泳いだり、電気もない砂漠に行って、元グリーンベレーの軍人と2日間サバイバルをしたこともあります。今まで経験したことがないようなところまで精神的にも肉体的にも追いつめられると、人間は変われるんです。視野も広がって、物事を多面的に捉えることができるようになります。

山崎　自分のキャパシティの限界を上げて、ユニバーサルにしていく感じですね。

南　あとは、他分野のゲストを呼んで話を聞くことも大いに刺激になりますね。たとえば、ロサンゼルス在住の映画のコンセプトクリエイターから聞いた、数十年先の未来の世界をなるべく現実味があるようにデザインするプロセスの話はとても面白かったですね。

スポーツを身近にする仕掛け

山崎　次に、ナイキとポートランドの関係について聞きたいと思います。もともとポートランドにはスポーツ人口が多いですよね。

南　スポーツをしやすい環境が大きいですね。山や川がすぐ近いのでアウトドアスポーツも盛んだし、テニスコートやサッカー場も充実していますし。

山崎　ナイキではこの街のスポーツ人口を増やすためにいろんな活動をしていますよね。

南　アメリカには肥満の問題や、学校の予算削減によって体育の授業がなくなったり、身体を動かす機会が少なくなってきている傾向にあるので、ナイキでは子どもたちがスポーツに親しむ機会を増やす取り組みに特に力を入れています。

たとえば、不要になったシューズを回収し分解・粉砕して、それを街のバスケットボールコートや公園の地面などの材料として再利用するプロジェクトを10年以上やっています。そのほかにもスポーツイベント等を開催したり、奨学金制度を設けたりもしています。子どもたちがスポーツに親しむ環境をつくることが、ナイキにとっても街にとっても喜ばしいことだと思います。

山崎　自転車のシェアリングプロジェクト「BIKETOWN」も２０１６年夏から始まりましたね。最近、ポートランドの街中にオレンジ色の自転車がたくさん走っています。

南　BIKETOWNでは市の交通局とパートナーシップを結んで、5年契約で自転車を千台提供しています。このナイキの広大なキャンパス（本社）の中でも同じ自転車が走っているんですよ。

山崎　あれは大成功ですよね。今までポートランド市内で、ナイキが大々的に目立つことはなかった。もちろん、ナイキの製品を身につけている人は多いし、イベントでナイキが協賛しているのは見かけるけど、いきなりナイキが街の一部になったくらいのインパクトがありました。

Fail Forwardという哲学

山崎　トムさんはポートランドに住んで何年です

市内の100カ所に設置されているBIKETOWN

か？

南　2004年からなんで、12年くらいですね。

山崎　トムさんにとってポートランドってどんな街ですか？

南　住みやすくて大好きな街です。自然が多いし、みんな優しいし、ご飯は美味しいし。特にポートランドは「Keep Portland Weird（風変わりであり続けろ）」を地でいく「何だここ!?」という風変わりな店やイベントがたくさんあって面白い街です。

少しわがままを言うと、最近はやや洗練されすぎている感はありますね……。移住者や観光客が増えて、外に向けた店が増えたのかもしれません。今後ますます人が増えると、ポートランドはどう変わっていくんでしょうね。楽しみな反面複雑な気持ちです。

山崎　それは大きな課題ですね。今後この街がどこを目指すかですよね。

南　あと、スポーツにアクセスしやすい街であることも魅力的ですね。日本と比べたら、距離も費用も比較にならないくらい自由度が高い。昔住んでいたカリフォルニアではスポーツをするのに車で1時間くらい移動しないといけなかったけど、ポートランドでは15分移動すれば済むという感覚ですね。できるスポーツの幅もウィンタースポーツから海・川のスポーツまで幅広いし、スポーツをする時に仲間も集まりやすい印象ですね。

山崎　最近のポートランドはサッカーの人気が凄いですね。

南　２０１５年にメジャーリーグサッカー（ＭＬＳ）で優勝した「ポートランド・ティンバーズ(Portland Timbers)」のファンには、阪神タイガースのような情熱的なファンが多い。

あとは、ポートランドの人は雨が降ってもスポーツをしますね。ここは夏以外ほとんど雨なので、雨天で中止していたらスポーツができないですからね。みんな傘をささないのも、雨が生活の一部になっていて気にならないんでしょうね。

山崎　そうですね。僕もテキサスにいた頃はそれほど運動をしなかったけど、ポートランドにはいつでもどこでも運動をしている人がたくさんいるから、いつの間にか感化されて毎日ジョギングをするようになった。まさにナイキのタグライン「Just Do It.」がポートランドのフィロソフィーの一つになっていますね。

南　僕らイノベーションのチームでは「Fail Forward」という言葉をよく使います。失敗は後退ではなく、そこから学んで次に進もうという意味です。

ナイキではトライする前に諦めないというポリシーが、デザインチームだけでなくみんなに共有されています。だから、ミーティングでも「ＮＯ」と言う人はいません。「やってみよう。失敗したら次に行こう」というアプローチはものづくりにおいて極めて健全な態度だと思います。

山崎　ポートランドのまちづくりもまさに Fail Forward ですね。

（２０１６年10月　ＮＩＫＥにて）

PORTLAND MAKERS

3

Farm to Tableでつくる本物の味

田村なを子

Naoko Tamura

PROFILE

Chef Naoko オーナー。1969年東京生まれ。家族が経営する東京の自然食レストランでの勤務を経て、2007年ポートランドへ移住。2008年オーガニックの日本食レストラン＆ケータリングサービスChef Naokoを開業。2016年隅研吾設計のShizukuをオープン。2015年からデルタ航空の成田―ポートランド直行便ビジネスクラスの機内食の提供を開始する。

Naoko

Chef Naoko

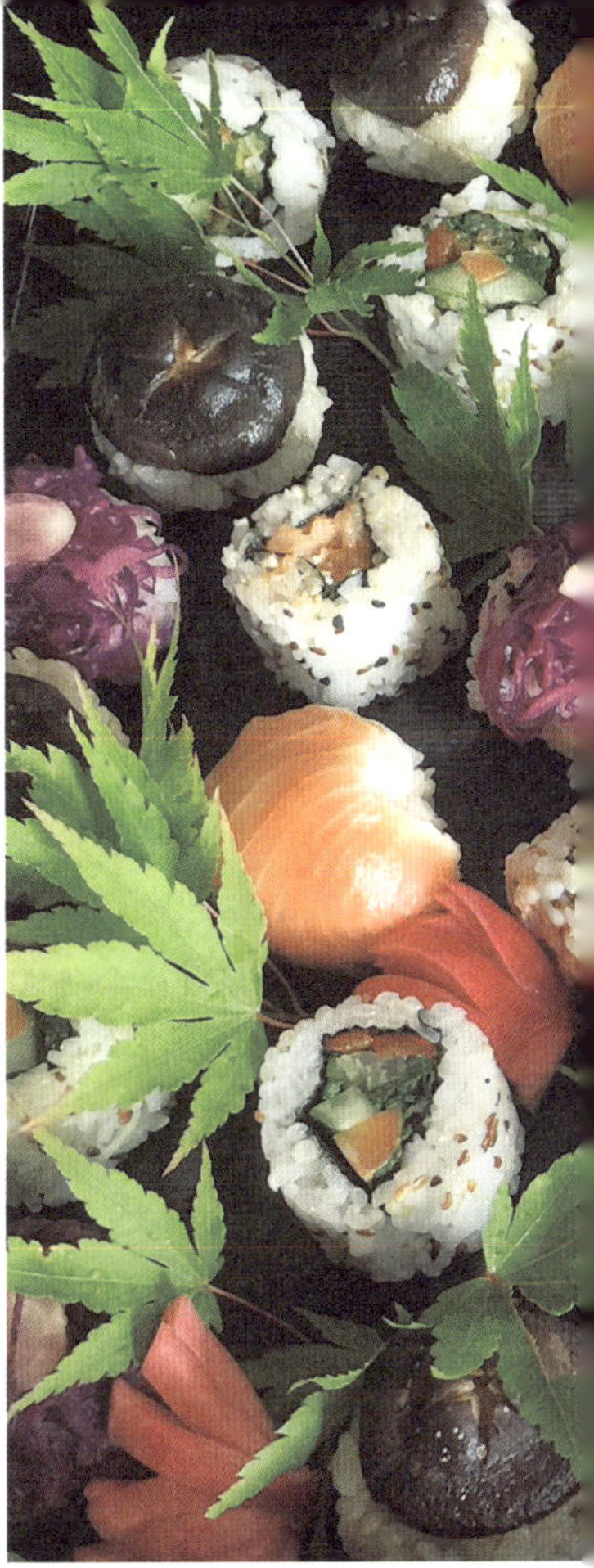

彩りが美しいケータリングの寿司（上）、ケータリングの弁当（前頁下）、デルタ航空ビジネスクラスの機内食（左上）、レストランのランチで出す弁当（左下）

3人のシェフが働く機能的な厨房。レストランで出すランチとディナーはこのキッチンで、奥にあるもう一つのキッチンでケータリングサービス、デルタ航空の機内食をつくる

THE FIRE PROTECTION

2016年11月にオープンした「Shizuku」。隈研吾氏が設計を手がけた

店内に設えられた畳の間と日本庭園（上）、ダウンタウンにあるChef Naoko（下）

田村なを子

I BELIEVE THAT DELICIOUS FOOD MAKES PEOPLE HAPPY REGARDLESS OF RACE OR NATIONALITY.

美味しい料理は、
人種や国籍に関係なく
人を幸せにすると信じている。

オーガニックな食との出会い

山崎　ポートランドで人気のオーガニックの日本食レストラン&ケータリングサービス「Chef Naoko（シェフ・ナオコ）」を経営されているなを子さんに、ポートランドの「Farm to Table（農場から食卓へ）」のしくみについてお聞きしたいと思います。なを子さんがポートランドに来られたのはいつ頃ですか？

田村　2007年です。そもそものきっかけは、当時小学3年生だった娘がここで暮らしたいと言ったことからです。娘は保育園に通っていた時はとても明るくて太陽のような子でした。ところが小学校にあがると、すべての生徒を同じ規則で均一に教育するシステムに合わず、「変わっている不思議な子」と見られて学校に行きたがらなくなりました。

そこで、ポートランドに住んでいた友人のところに2週間ほどサマーキャンプに送りだしました。キャンプで出会った子どもたちは国籍も言葉も習慣もさまざまで、娘は誰かと比べられることもなく、それぞれの個性を受け入れあい、自然と友達になれたのが嬉しかったようです。そしてすごく明るい顔をして日本に戻ってきて、開口一番「ポートランドに住みたい！」って言ったんです。

山崎　そう！

田村　娘がこんなに明るくなるんだったらポートランドに行こう！と決心して、当時私は母の会社に勤めていたので、その仕事を辞め、1年後、娘と犬を連れて渡米しました。ビザなんていう面倒な手続きもまったく調べず、向こうに行けばなんとかなると思っていたんですね（笑）。そんな性格だから来れたと、今では思っています。

山崎　ポートランドでどういう仕事をしようと考えていたのですか？

田村　私は生まれた時から体が弱くて、母は私を丈夫にするために自然食で育ててくれました。学校給食の添加物にアレルギー反応を出した私をなんとかしたいと、母はPTAの仲間と共に「学校給食を自然食に！」というキャンペーンを起こしました。でも学校はそんなに簡単には変わらない。そこで母は、自然食が一般的になる社会にしようとオーガニック料理のレストランをオープンしました。私も短大卒業後、母のレストラン経営を手伝うようになりました。

そんな自然食料理に囲まれた人生だったので、包丁一本と自分の得意分野で勝負するしか、私に外国で生きていく道はなかったのです。

山崎　なを子さんは料理を誰から教わったんですか？

田村　料理の学校などに行ったことはありません。多くは母から学びましたが、今の仕事の原点は高校生の頃に通った芦屋にある欧風レストラン「千暮里《ちぼり》」にあります。母と一緒に食事に行った日に、女性のオーナーシェフ・達谷浩子さんが何十人ものスタッフを抱え、レストランを切り盛りされている姿に心打たれました。食後に達谷さんとお話ししたら、「よかったら遊びにいらっしゃい」と言ってくださって、それからずっと春、夏、冬の休みごとに「千暮里」で過ごすようになりました。

山崎　そこでどんなことをやっていたのですか?

田村　レストランのオーナーのお家に住まわせていただき、厨房で空いているスタッフの方から、ベシャメルソースからシフォンケーキまでいろいろな料理のつくり方を教えてもらいました。私がうまくできたと思った料理でも「うーん、ダメだね。もう1回」と言って、どこがダメなのか全然わからないまま何度もつくらされました。でも、何度もつくらされるうちに「プロは絶対妥協してはいけない」ということを学びました。それは今の仕事の指針にもなっています。

山崎　高校時代に修業していたんですね。

惚れ込む食材に巡りあうまで

田村　ポートランドで店を出すためには、まずは食材を探すこと。私の料理は素材そのものの味なので、良い素材が手に入らなければ何も始まりません。

そこで1年くらいかけて食材探し、ファーム(農場)探しをしました。英語はほとんどわからなかったけど、とりあえずスローフード協会に入り、いろんなファームの人たちが集まるレセプションや勉強会には必ず出席し、食材を探し続けました。その当時のオレゴンのファーマーズマーケットにはすべて足を運びました。

山崎　なを子さんにとって良い食材とは？

田村　ちょっと変人的なんですけど（笑）、私に語りかけてくれる食材がいいんですよ。そういう食材に出会うと、食べて味を確かめて、ファームを訪ねて生産者に話を聞きます。

ポートランドでも最初はなかなか語りかけてくれる食材に出会えませんでした。そんな時、ヒルズデールのファーマーズマーケットで「アヤズ・クリーク・ファーム（Ayers Creek Farm）」の人たちと出会います。ヒルズデールのマーケットは他のファンシーなマーケットと違ってちょっと特殊で、私好みのファームがたくさん集まっています。冬のマーケットで売られていた大根とゴボウを食べて、初めて「この人たちの野菜があったらいけるかも！」と思ったんです。

山崎　ようやく展望が開けたんですね。

田村　とびきり美味しかったです。土物というのは生産者の世界観が素直に出ます。見た目にも、味にも、匂いにも。生産者がどんな思いで、どんな風に手をかけてつくったかを野菜がちゃんと教えてくれる。

是非ファームを訪ねてみたいと思い、オープンファームに参加して、いろいろ説明を受けました。

でも説明を聞いても英語がほとんどわからなかったので、1人でファームの土を掘って、匂いを嗅いだり、食べてみたり（笑）、肥料は何を使っているのか、水はどういうふうに引いているのかと、畑のしくみを調べたりしていました。

山崎　理解するより感じるんですね（笑）。

田村　はい。他にもいろんなファームに行きましたけど、大して英語も喋れないアジア人が来て熱弁をふるっても、相手にしてくれるところは少なかったです。

渡米して1年近く過ぎ、開業の準備は少しずつ整いましたが、食材を仕入れるファームだけは最後まで決まらなかった。そんな時、アヤズ・クリーク・ファームの人たちから「君はこの1年、パッション（情熱）がまったく変わらなかった。だから僕たちは君のために野菜をつくるよ。欲しい野菜があったら言ってくれ」と言われたんです。すごく嬉しかったです。

山崎　それから、開業までは順調に？

田村　いえいえ、大変でした。私は当時、E2ビザといって投資家向けのビザを申請しようとしていて、そのビザは、店をオープンしてから申請します。だから店をオープンしても、ビザが下りなければすべてを失うことになります。それだけリスクの高いものだったので、どこかで腹をくくらないとチャレンジできないものでした。店を仮オープンし、渡米して丸1年でようやくビザが下りた時は、面接会場だったアメリカ大使館の周りをぐるぐる回り、気持ちを落ち着かせました。

山崎　外国人が個人で起業するのは大変ですね。

田村　外国に本社（本店）がある企業の支社（支店）をこちらに出す場合はビザが下りやすいようですが、個人でいちから事業を立ち上げるのは大変でした。それを初めから知っていたら、娘を連れて渡米をする決心はしなかったと思います。

Ｅ２ビザは5年ごとに更新します。その際、担当部局は店の評判なども逐一調べ、非常に長くて厳しい面接を受けました。「あなたのビザはアメリカの経済に貢献するためのビザです。あなたのビジネスはアメリカの経済にどれくらい貢献していますか？　従業員はいまだにこれだけですか？　いまだに1店舗ですか？　こんな小さなビジネスでは次の再申請では通りませんよ」と言われ、審査は年々厳しくなります。

Chef Naoko をオープンして

山崎　そしていよいよ２００８年に Chef Naoko を開業します。初めはケータリング中心でした？

田村　ここはダウンタウンといっても外れの方なので、お客様はそんなに来ないだろうと思っていましたし、店舗面積も小さく、店で料理を出すだけではとても経営していけない。ケータリングだと50食でも１００食でも出せるので、どちらかというとケータリングメインの店にしようと思っていました。

でも、どういう料理かわからないと、お客様も注文できないだろうと思って、小さなテーブル席をつくって店でも料理を食べられるようにしました。最初は12席しかなく、メニューも重箱に入ったお弁当形式のランチだけでした（83頁）。ところが予想以上に多くのお客様が来てくださって、20席まで増やしました。

それでも開業から最初の3年間は、英語もわからず、人間関係もわからず、どこに向かって努力すればよいかがわからず、とても苦しかったです。でも、もがきながらも日々奮闘しているうちに、だんだん私の活動に共感し応援してくれる人たちとつながるようになりました。環境NPOやオーガニックのスーパーマーケット、ファーマーズマーケットの人たちが主催するイベントでケータリ

Chef Naoko のメニュー

ングに呼んでもらえるようになり、彼らのサポートで引っ張りあげてもらいました。

山崎　ポートランドのハードコアな地元食の人たちですね。

田村　そこから、いろんなパーティで100食、200食といったケータリングの注文をいただけるようになりました（82頁）。

山崎　その頃はそれだけの量をこなすキャパシティがあったんですか？

田村　いいえ。わからないことだらけで他の業者さんがケータリングをしている会場をこっそり見に行って、サーバーが何人いるか、料理はこうやってセットアップするのかといったことを日々勉強しながらこなしていました。

オリジナルの日本食にこだわって

田村　偶然店に来られたお客様から、ケータリングの注文をいただくこともあります。ポートランドの近くにある貝印のアメリカ法人（カイUSA）とのお仕事もそうです。ある時、貝印さんからパーティで寿司を出してほしいと注文が入りました。でも私たちは寿司はやっていないのです。寿司職人ではないし、寿司屋は他にもたくさんあるので。

山崎　でもクライアントの注文は寿司なんですよね？

田村　ええ。悩みましたが、当時はとにかくいただいた注文は断らないと決めていたので、友人の寿司職人に頼んでいちからトレーニングをすることに。握りはやはり寿司職人でないと手を出してはいけないと思い、押し寿司をつくることにしました。その押し寿司には野菜の色素で色を付けたりと寿司飯に工夫を凝らし、いわゆる日本の寿司ではなく、日本の食文化に失礼にならない程度のアレンジを加えて、私たちのオリジナル料理にして出しました。

山崎　毎回、新しいクリエイションにこだわっていると。

田村　新たなオーダーをいただくたびに私たちに期待されていることを考え、他の人にはできないサプライズを料理に添えて出すことにチャレンジしてきました。それがChef Naokoらしさです。

これまで私たちの店でも万人に好まれる一般的な味にしようとしたこともありますが、最近は日本食のレストランも増えたので、逆にもっと個性的な味にした方が楽しいのではと思っています。

山崎　Chef Naokoならではの味というと?

田村　食べた人に一番言われたい言葉は「優しい味」です。食材の味を感じてもらえるように料理すれば優しい味になります。

最近、味噌づくりを始めました。大豆、チックピー（ヒヨコ豆）100%の味噌、麦とチックピーをミックスした味噌の3種類。味噌には酵母を入れたかったのですが、酵母は簡単には手に入らない。そこで、糠《ぬか》味噌を入れたら、中にいる酵母菌で発酵してくれるのではないかと試作しているところです。アヤズ・クリーク・ファームの豆や麦でつくった味噌が、隠し味として優しい味を演出してくれることを期待しています。

山崎　オレゴンの人は発酵食が好きですからね。ポートランドでも毎年「発酵食品祭（Fermentation Festival）」が開かれるし。

田村　私はオレゴン産の味噌をつくりたいのです。日本の味噌でなく、アメリカの味噌を。今年仕込んだ味噌が美味しくできたら、２０１７年から少ロットで販売する予定です。今は味噌に恋しています。

20 人のスタッフで店を切り盛りする

山崎　シェフはみんな日本人ですか？

田村　日本人が多いですが、スーシェフ（副料理長）は台湾人です。日本人以外のスタッフは、日本に行ったことがある人や日本のレストランで働いたことがある人、もしくは日本語を学んだり、日本に興味がある人を採用しています。日本に関する知識がゼロだと難しいように思います。

山崎　こだわりがあるんですね。

田村　文化の異なる者同士が一緒に仕事をするには、何か共通するものがないとお互いに苦しむことが多いように思います。やはり日本の文化や価値観について共有できないと、こちらが大事にしていることが伝わらないので。

山崎　今スタッフは何人くらいですか。

田村　20人くらいだと思います。そのうちスーシェフが2人、アシスタントシェフが2人。今後はチーム分けして各部署の確立を目指しています。

山崎　なを子さんはシェフと会社のマネジメントと両方をやっていて大変ですね。

田村　たしかに時間は足りませんが、マネジメントと言えるほど大したことはやっていません。3年後、5年後、どういう事業をしていたいかを計画して、それに向けて仕掛けていったりはしますけど。

やっぱりシェフが本業でありたいと願っています。だから、本物の味を伝えていきたいし、何気

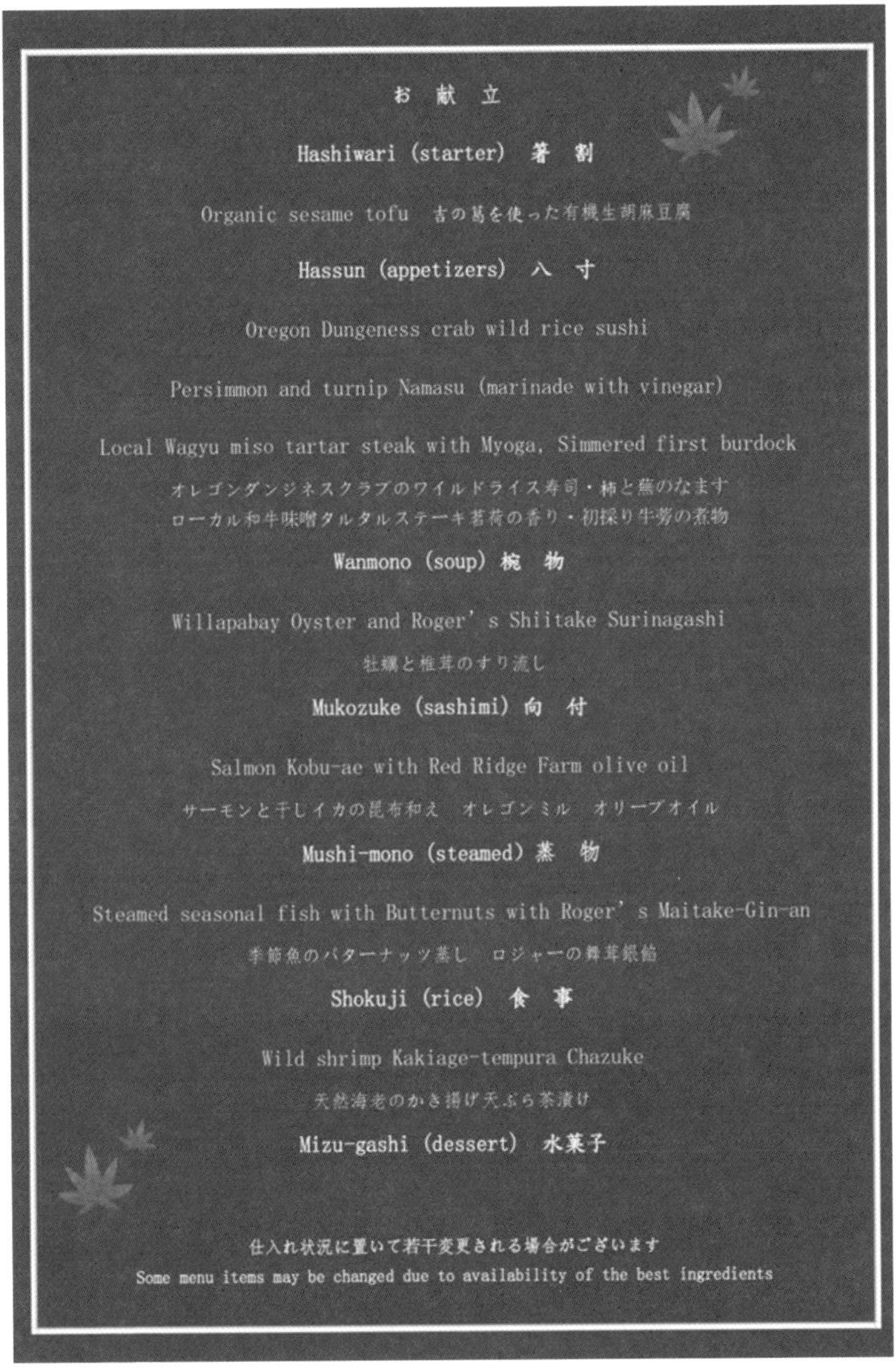

お 献 立

Hashiwari (starter) 箸 割

Organic sesame tofu 吉の葛を使った有機生胡麻豆腐

Hassun (appetizers) 八 寸

Oregon Dungeness crab wild rice sushi

Persimmon and turnip Namasu (marinade with vinegar)

Local Wagyu miso tartar steak with Myoga, Simmered first burdock

オレゴンダンジネスクラブのワイルドライス寿司・柿と蕪のなます
ローカル和牛味噌タルタルステーキ茗荷の香り・初採り牛蒡の煮物

Wanmono (soup) 椀 物

Willapabay Oyster and Roger' s Shiitake Surinagashi

牡蠣と椎茸のすり流し

Mukozuke (sashimi) 向 付

Salmon Kobu-ae with Red Ridge Farm olive oil

サーモンと干しイカの昆布和え オレゴンミル オリーブオイル

Mushi-mono (steamed) 蒸 物

Steamed seasonal fish with Butternuts with Roger' s Maitake-Gin-an

季節魚のバターナッツ蒸し ロジャーの舞茸銀餡

Shokuji (rice) 食 事

Wild shrimp Kakiage-tempura Chazuke

天然海老のかき揚げ天ぷら茶漬け

Mizu-gashi (dessert) 水菓子

仕入れ状況に置いて若干変更される場合がございます
Some menu items may be changed due to availability of the best ingredients

Chef Naoko の懐石料理メニュー

ないものの日本の味をきちんと表現したい。私はここで、もしポートランドが日本の県だったらきっとこんな料理が生まれるだろうというものをつくりたいのです。

山崎　ポートランドを日本の一地方と位置づけているんですね。

田村　そうです。日本の地方料理の一つ、ポートランド県料理。日本には、北海道から沖縄まで、その地方ならではの食材と料理がある。それと同じようにポートランド県があって、ここにしかない食材で和食をつくっているという感覚を大事にしたいのです。

Farm to Table を支えるしくみ

山崎　「Farm to Table（農場から食卓へ）」という動きは、ポートランドのファーマー、シェフの間ではかなり一般的になってきているのでしょうか？

田村　もう一般的ですね。ファーマーズマーケットの売り上げは、一般の人たちよりレストランのシェフが買う方が圧倒的に多いと言われています。ファームの近さを理由にポートランドに来て店を構えるシェフがたくさんいますから。

山崎　それは徐々に変わってきたんですか？

田村　もちろん10年前は、ファーマーズマーケットやレストランの数も今より全然少なかったです。

ファームもレストランもお互いにアプローチする方法がわからなかった。今は、ファームと、「ニューシーズンズ」や「ホールフーズ」といったオーガニックスーパーのプロデューサー、それから我々シェフやレストランのオーナーたちが集まる会議で、お互いどうやって支えあっていくべきかをよく話しあっています。

山崎 生産、流通、販売の関係が進化してきたんですね。

田村 ファームとシェフの関係で言うと、私はファームと値段の交渉は一切しません。それはある意味ファームを信頼していて、ファームはこちらのことを考えて金額を提示してくれていると思っているからです。金額を叩くと彼らは良いものをつくってくれなくなる。シェフとの信頼関係があるから、彼らは良い野菜をつくってくれるんです。

山崎 食材によって仕入れるファームを分けているんですか？

田村 はい。アヤズ・クリーク・ファームは豆類と特殊な野菜をつくる一風変わったファームです。それ以外に、きのこ類はスプリングウォーター・ファーム、野菜全般はスプリングヒル・オーガニックファームから仕入れています。あとは、玉子は専門のファームから、ゴボウなどはウインター・グリーンファームからと、食材によって小さな取引もしています。今年は機内食や店舗の拡張に伴い購入する量も増えたので、アヤズに加えてスプリングヒルにも計画栽培を相談中です。

オーガニックのファームに並ぶ新鮮な食材

より多くの人に本物の味を届けるために

山崎　今ポートランドには力のあるシェフが全米から集まってきて、競争も激しくなっていますよね。なを子さんはこの状況をどう見ていますか？

田村　レストランがどんどん活性されていくのを感じます。以前、元Wieden+Kennedyのジョン・ジェイ氏（1章参照）から「なを子はユニークなビジネスをするね」と言われたことがあって、私はそれを目指していこうと思っています。みんなの期待を上手に裏切りながら、地味に地道に長く事業をやっていきたいと思っています。

山崎　２０１６年11月に、レストランを増設し「Shizuku（シズク）」をオープンしましたが、増設部分の設計は隈研吾さんだそうですね（86〜88頁）。

田村　２０１４年頃からケータリングの注文規模（数）が大きくなり、同時に小さな店に溢れるほどお客様を迎えるようになり、キッチンのキャパシティを超えることが多くなりました。6カ月ごとに検査に来る保健所からも、広くするか他に移動しないと、今後は許可を出せないと言われ、拡張せざるをえない状況になりました。そこで物件を探し始めましたが、なかなか見つからなかったんです。そんな時、ちょうど隣が空いたので、借りて拡張することにしました。

ポートランドの日本庭園の拡張プロジェクトに関わっておられた隈さんと、日本庭園50周年記念パーティでお会いする機会があり、その後もご縁が重なったのをきっかけに「お知りあいの設計者を紹介してもらえませんか」とメールを送ったら、10分後くらいに「僕がやります」と返事が来たのです。

山崎　ご本人から！

田村　予算のことなど、クリアすべきハードルがたくさんあったので、「隈さんにはお願いできません」とお伝えしたら、隈さんが「僕は面白いことをやっている人をサポートするのが好きなんです。なを子さんだけじゃないから、気にしないでやりましょう」と言ってくださって。

それでどんどん話が進んで、こちらの建築事務所にも入ってもらって「Chef Naoko」チームが組まれました。私からのリクエストはキッチンの造りと店内の動線といった生産性と安全性の部分だけで、それ以外は隈さんにお任せしました。

山崎　Shizukuのオープン後、お客さんの反響はどうですか?

田村　昔からのお客様にも新しいお客様にも、日本を感じてもらえる空間がピースフルで気持ちがいいと、大変喜んでいただいています。店内の小さな石庭は、開業当時からずっと応援していただいている日本庭園を代表するガーデナー・内山貞文さんにつくっていただき、畳の間は茶道ができる仕様にしました。これからここで日本に関わるイベントをするのが楽しみです。

オーガニックな懐石料理も出す Shizuku

また、これまではランチが中心だったのですが、現在はディナーも楽しんでいただけるようになり、ポートランドの食材で懐石料理を提供し始めました。

山崎 デルタ航空（成田―ポートランド直行便）の機内食の話はどういう経緯で依頼が来たんですか？

田村 デルタ航空さんは、ビジネスクラス（デルタワン）の食事を見直したいということで、和食のケータリングをしている私たちを訪ねてこられました。面白そうだったので即、「やります！」と返事をしました。

ただ、引き受けるにあたり、メニューについていくつかお願いをしました。私たちはローカルの食材を使うレストランなので、全米共通の規定メニューではなく、シーズンごとに地元で採れる食材を中心にメニューを決めさせていただけないかということと、メニューを完全に決めないで、野菜については「季節野菜」などの表記で旬の野菜が使えるようにお願いしました。機内食で季節を追うのは珍しいことのようでしたが、快諾いただき今に至ります。

さらに2016年11月からはエコノミークラス（メインキャビン）の機内食（和食部分）も引き受けることになり、現在は毎日約100食近く（ビジネス、エコノミーを合わせて）出しています（83頁）。店舗の拡張途中にエコノミークラスの話をいただいたので、キッチンのプランをデルタ仕様に大幅に変更しました（84～85頁）。生産ラインや温度管理など特殊な機械が必要なので。

山崎 メイカーとして小規模で始まったビジネスが軌道に乗ると、みんな工場を持つようになりますね。

田村　夢がありますよ、アメリカは。みんなが挑戦を応援してくれるし、成功を喜んでくれる。たとえ失敗しても、「グッドトライだったね」って言ってくれる文化があります。

山崎　本当に、みんなポジティブだからね。

ポートランドという街

山崎　Chef Naokoのお客さんはどういう人たちですか？

田村　知識が豊富で、常識にとらわれない、国際的な人が多いですが、理解できないような面白い人もたくさんいらっしゃいます。店を大きくしたら、本当にいろんな方がお見えになっています。どんな人たちにも喜んでもらえるような料理をつ

田村氏の追求する本物の味が食通のポートランダーを魅了し続ける

くるようにしながらも、少し反発するような料理をつくったりもするようになりました。たとえば、魚の骨が多くて食べにくいと言われているのに、それでも諦めないで骨が多い魚料理をつくり続けたり。もちろん食べやすいように工夫を重ねますが、自分の中で曲げていいものとそうでないものを区別するようになりました。言われたことをそのままするようになったら、自分がなくなってしまいますから。

それから、美味しい料理は人種や国籍に関係なく人を幸せにすると、私は信じています。世界中でたくさんの揉め事が起こっていますが、Chef Naoko にはさまざまな国のお客様が、ただ料理を食べるために集まり楽しんでくださる。

山崎　素敵なことですよね。

田村　はい。ここは平和です。もう随分前のことですが、店をオープンして間もない頃、「ウィラメットウィーク（Willamette Week）」というコミュニティ新聞で、私たちの料理のレビューが掲載されました。

「Chef Naoko のお弁当は、お母さんが大事な家族のために手間を惜しまず一品一品愛情を込めてつくっている味がする。料金は高いけれどその価値は十分にある」

そのレビューを読んで思わず泣いてしまいました。私は自分の料理をあまり説明しないんですよ。料理人が語らなくても食材が語ってくれる料理を目指しているから。でもいちいち説明をしなくてもわかってくれるポートランドの人たちのおかげで、これまで努力を続けてこられたと感謝しています。

山崎 最後に、なを子さんにとってポートランドはどういう街ですか？

田村 すごく自分なんですよね。自分の居場所というか。ここにいることが最初から決まっていたんじゃないかというくらいしっくりします。

でも逆に、アメリカに来てすごく日本を愛していることにも気づきました。日本にいた時は日本のことを愛しているなんて思ったこともなかったんですけど。ここにいると、先人たちが築いてくれた親日の文化の素晴らしさに感動するし、日本人でいられることがすごく嬉しいんです。だからポートランドにいる日本人として、やりたいことはたくさんあります。

ポートランドって、土地というより、共に生きていく人、仲間というイメージですね。自分はポートランドを形づくっていく細胞の一つを担っているというふうに思えるんですよね。

（２０１６年10月　Chef Naoko にて）

4

PORTLAND MAKERS

オープンなものづくり、オーガニックなネットワーク

冨田ケン

Ken Tomita

PROFILE

GROVEMADE CEO＆クリエイティブディレクター。1979年横浜生まれ。1980年ロサンゼルスに移住、1985年よりポートランド在住。オレゴン大学卒業。Rhode Island School of Design修士課程中退。2005年家具デザイナーとして独立。2009年友人とGROVEMADEを設立。セントラルイーストサイドの工房で地元オレゴン産の木材を使った製品をハンドメイドで製作する。

GROVEMADE

セントラルイーストサイドにあるGROVEMADEの工房（上）。
オフィスにあるテーブルは冨田氏のデザイン（前頁下）。
GROVEMADEでつくられる木製の時計とスピーカー（下）

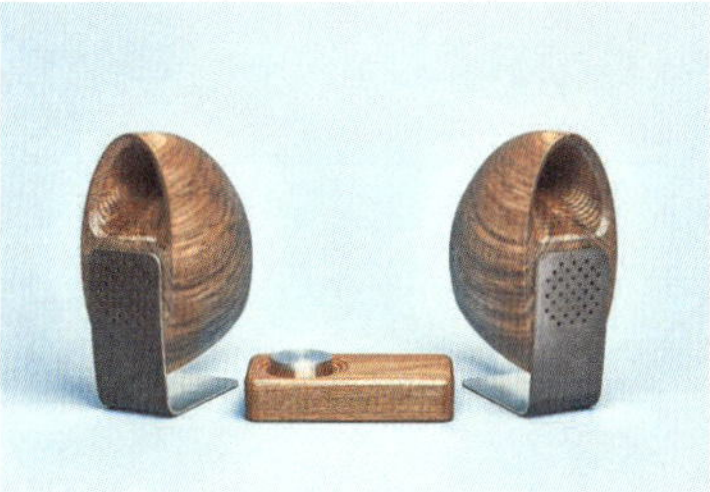

最先端の生産管理システムを備えた
工場では、約20人の職人が一つ一つ
ハンドメイドで製品を仕上げていく

メープルやウォールナット、竹といった木材とレザーを使った美しい製品。モニタースタンド、キーボードトレイ、リストレスト、マウスパッド、iPhoneケース、iPhoneドック、ペンスタンドなど多彩な製品が揃う

爆発的に売れたiPhone4のケース

まったく売れなかったiPhone3のケース

冨田ケン

THE BUSINESS MODEL HAS TO REFLECT WHO I AM AS A PERSON.

ビジネスモデルは、
自分がどんな人間で、何を目標としているかを
反映していなくてはならない。

26歳で起業

山崎　ハンドメイドのプロダクトブランドGROVEMADE（グローブメイド）を経営されているケンさんに、ポートランドのメイカーシーンについてお聞きしたいと思います。まずは、こちらに来られた頃の話からお願いできますか。

冨田　横浜で生まれて、1歳の時に精密機器メーカーで働いていた親父の仕事の関係でロサンゼルスに移住し、1985年、7歳の時からポートランドで暮らすようになりました。

山崎　当時は小学生？

冨田　しばらくしたら日本に帰ることになっていたから、平日は地元の小学校、土曜日は日本人学校に通わされました。僕は日本に帰るつもりがなかったから、日本人学校にはあまり真面目に通っていなかったけど、一応高校まではダブルエデュケーションを受けていた。今でもその頃の日本人学校の仲間とは親友です。

山崎　高校卒業後は？

冨田　オレゴン大学に入学して東アジア研究（East Asian Studies）を専攻しました。在学中には早稲田大学とハワイ大学に留学し、日本で暮らした経験はとても新鮮でした。

大学卒業後、建築を勉強するためにロードアイランド・スクール・オブ・デザイン（ＲＩＳＤ）の大学院に入りました。でも面白くなくなって1年くらいで辞めてしまった。

山崎　辞めて働き始めた？

冨田　ＲＩＳＤで一番好きだった先生に相談したら、学校を辞めて働くことを勧められて、先生の友人のジェラルド・ミナカワを紹介してくれました。ジェラルドは日系ボリビア人の竹の専門家で、カリフォルニア・サンタバーバラにあるジェラルドの家に住み込んで、2年間、家具づくりや彫刻制作を修業しました。

その後、またポートランドに戻って来て、２００5年に自分の家具会社「Tomita Designs」を立ち上げました。

山崎　どういう家具をつくっていたんですか？

冨田　すぐそこにあるジュピターホテルの家具は全部僕がつくったんですよ。個人のクライアントが多かったけど、たまに大きな商業プロジェクトを手がけたりしながら、ほとんど1人でカスタムメイドの家具をつくっていました。

山崎　今の会社を立ち上げたきっかけは？

冨田　家具会社をつくって4年くらい経った頃、僕のショップの向かいに住んでいた友人のジョー・マンスフィールドが「iPhone ケースをつくろうぜ」と話を持ちかけてきました。彼はレーザー彫刻の会社Engraveを経営していて、知りあいにこのアイデアを話しても、誰も乗ってこなかったそうです。僕はその話に乗って、２００９年、２人でGROVEMADE（以下、グローブ）を立ち上げました（１１４〜１１５頁）。

山崎　その頃のiPhoneは？

冨田　iPhone 3。会社を立ち上げてすぐにケースを製造する機械を5年ローンで買って。それが一番大変でしたね、7万5千ドルもしたので。

最初はまったく利益が出なかったから、僕とジョーは自分たちのビジネスをしながら、グローブの仕事も並行してやっていました。

山崎　サイドビジネスから始まったんですね。

冨田　ダブルジョブをしていた最初の1年半くらいはすごく大変でした。

ある日突然売れだしたiPhoneケース

山崎　iPhoneのケースをつくるのは難しいでしょう？

冨田　すごく難しい。友達に製造機械の選び方から使い方までいろいろ教えてもらって、最初のiPhone 3のケースを開発するのに9カ月くらいかかった（１２０頁）。ところが、ようやくできて発売したら全然売れませんでした。

山崎　どうして？

冨田　ちょうど発売した時に、次のiPhone 4の写真がリークされて、世の中の関心が一気にiPhone 4に移ってしまったから。

でもすぐに切り替えて、そのリークされた写真をもとにiPhone 4のケースをデザインして、発売に合わせてモックアップ（模型）をインターネットでリリースしました。実物はまだ持っていないから、完全にフォトショップでフェイクしたものだったけど。

山崎　ははは（笑）。

冨田　それが偶然「ギズモード」というデカいウェブサイトに載った途端、いきなり注文が殺到しました（120頁）。その頃はまったく売れていなかったら、1個オーダーが来るたびに携帯が鳴るようにしていたんだけど、ちょうどiPhone 4を買うためにアップルストアに並んでいた時に携帯が鳴り始めて、いきなりゼロから何千個という規模で売れだしました。

最初は売れすぎて嬉しかったけど、冷静に考えると、僕ら2人以外に従業員はいないし、実際にまだケースの実物をつくってもいない。

山崎　それなのにオーダーが殺到したから大変だ。

冨田　それから毎日、朝の8時から夜中の2時ぐらいまでつくり続けました。iPhoneは精密だから、まずは、きちんとフィットするケースをデザインすることから始めました。製品の20～40％が生産工程で破損してしまったり、生産システムがしっかりできあがっていないのに人員を増やしてトレーニングしなくてはならなかったり、財務のシステムを管理する時間がなかったりと、問題が次々に起こりました。

山崎　急に会社の規模が大きくなってオペレーションが混乱していたんですね。

冨田　それから3～4年間は、新しいiPhoneが出ればケースをデザインし、注文に追いつくことばかり考えていました。

山崎　デザイン会社というより生産工場だったんですね。

フレキシブルな組織づくり

山崎　いつ頃から今のような会社のスタイルに変わったんですか？

冨田　iPhone 6の頃から、iPhone自体のセールスも下がってきて、少し落ち着いてきました。そこで、組織づくりをしっかりするため、2年くらい前にビジネスのオペレーションを見てくれるスタッフ（ジム・ハッサート）を雇いました。それまで、デザイン、エンジニアリング、ブランディング、オペレーションと、全部自分でやってきたんですが、それを1人でリードするのは無理がありましたから。

山崎　デザイナー兼ビジネスマン兼工場長だったんですね。

冨田　ジムが来てくれてからは、僕はR&D（研究開発）とマーケティングの方に比較的集中できるようになりました。でも実際にはそうきちんと役割を分けられるものではありません。うちの会社は、役職・役割が固定していないんです。つくるものがしょっちゅう変わるから、誰が何の仕事をやるかも常に変わっていきます。

山崎　今はマーケットの変化のスピードが速いから、そのフレキシビリティは強みだね。

冨田　それに、同じことをし続けたくないという僕の性格も影響しています。常に限界に挑戦していたいんです。ずっと同じことをし続けるのは楽だけどつまらないし、進化しないから。

山崎　よくわかります。

冨田　だから、変わる必要がなくてもわざわざ変えるんです。それが好きな人にはグローブという会社は合うけど、毎日同じことをしたくて、5年先のことも見えているのが好きな人にはここは向いていませんね。

山崎　でもクリエイティブであり続けるためには必要なことですよね。クリエイティブな人材を雇用するために、特にやっていることはありますか？

冨田　自分も含めて、誰しも自分のやりたいことをやるのがクリエイティビティにとって一番大事なことだと思っています。だから、うちのスタッフはみんなフランクに自分のやりたいことを話すし、この会社でそれができなければ他社でそれを探してもらえばいいし、僕の方から「他社で働いた方がいいんじゃない？」とアドバイスする時もあるし。

山崎　面白いですね。

冨田　それがその人にとっても会社にとっても一番いいから。うちの会社では、何年在籍しても特別ボーナスも出しませんし、長くいた方がいい理由もつくらないようにしています。でもそうすると、仕方なくここにいる人は去っていって、ここにいたい人だけが残る。そういう人が集まれば集まるほど会社はパワフルになりますから。

クオリティと効率のバランス

山崎　次に、グローブのものづくりの特徴について教えてもらえますか。

冨田　うちはハンドメイドでモダンなデザインの製品をつくっているから、ものづくりの精度も他のアメリカのメイカーよりハイレベルだと思います（115〜120頁）。

たとえば、グローブの財布は、米沢威《たけし》さんというポートランド在住の革職人に縫製をお願いしています。米沢さんを知ったのはカスタムスーツの店で、そのスーツのステッチングを一目見て凄いと思った。アメリカ人であのレベルをこなせる人はなかなかいない。

山崎　やはり日本人の技術力は凄いんですね。

冨田　でも、米沢さんと同じやり方でやったら時間がかかりすぎるので、ビジネスとして成り立たない。うちは大量生産とクラフトの中間、中規模生産だから、米沢さんのやり方をうちの生産プロセスにどう乗せられるか、それを考えるのが面白いんです。

山崎　グローブのスタッフにそのクオリティを教えるのは難しくないですか？

冨田　製造システムがあるから大丈夫。逆に、うちはクオリティを高めすぎるのが問題なくらいです。でも別にそれは珍しいことではありません。工場の従業員はプライドが高いから綺麗につくりたがります。だからリーン生産方式（生産プロセス

米沢威氏の縫製が美しい財布

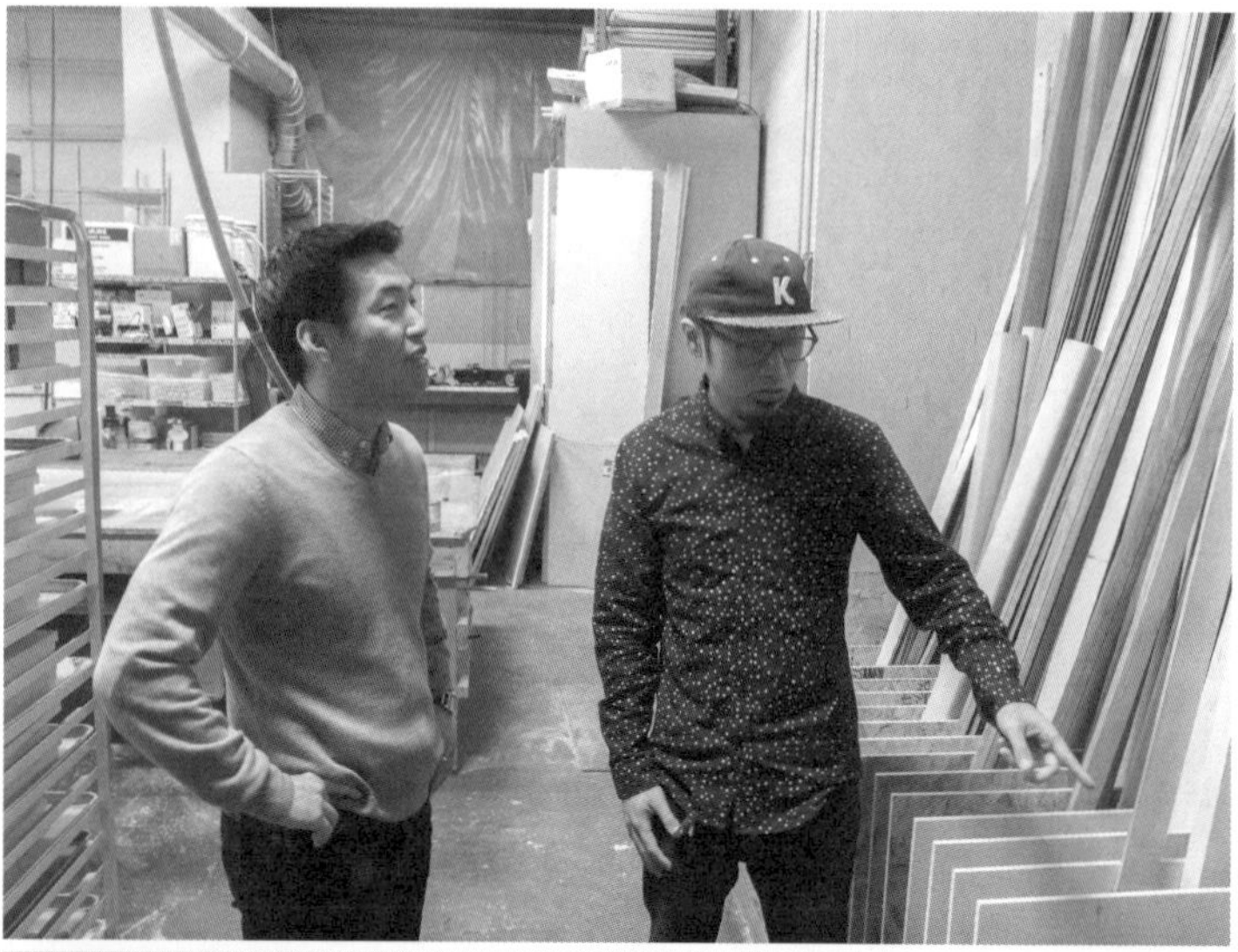

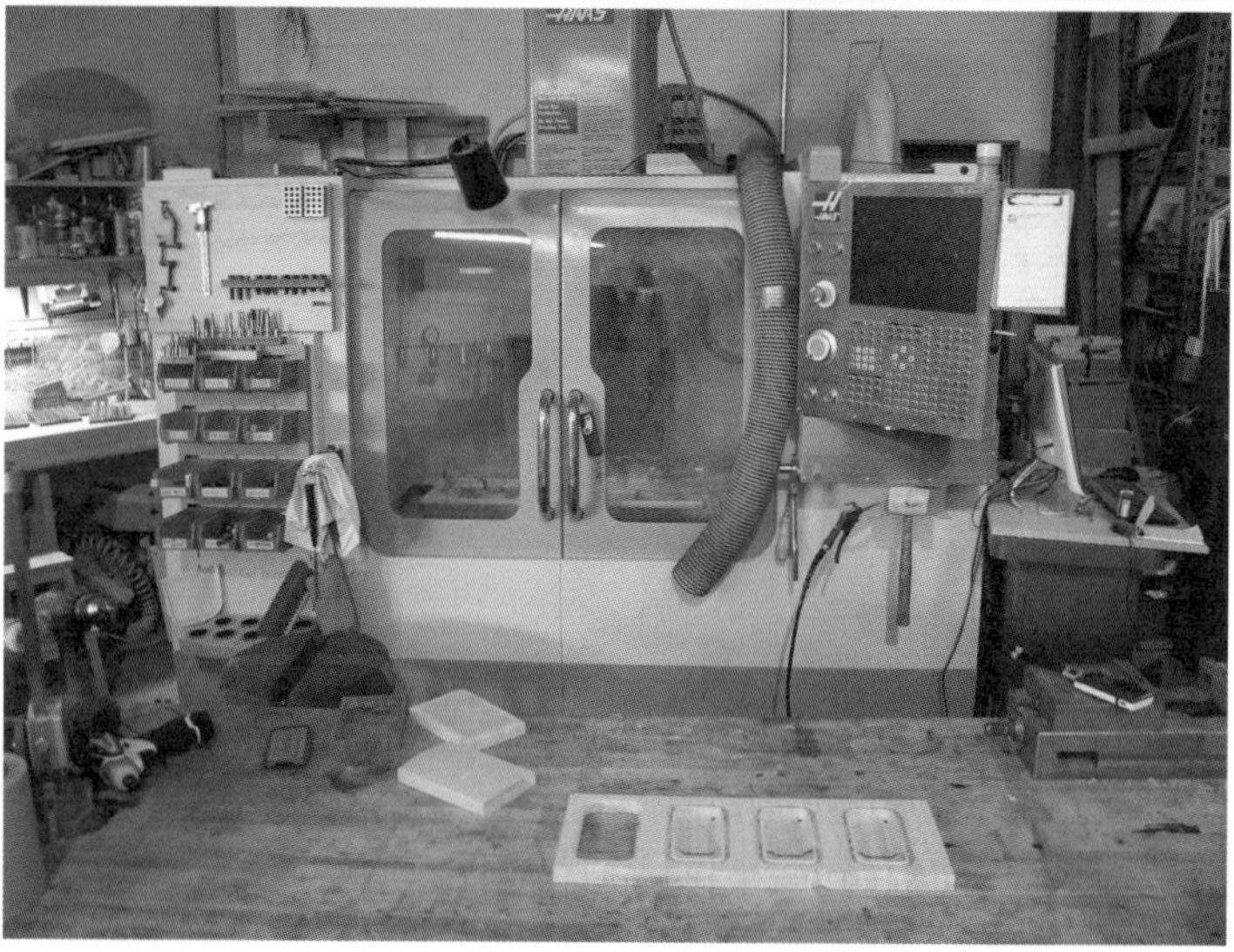

上／工場内にはメープルやウォールナットなど地元オレゴン産の木材が並ぶ
下／木材を精密に加工する NC 旋盤

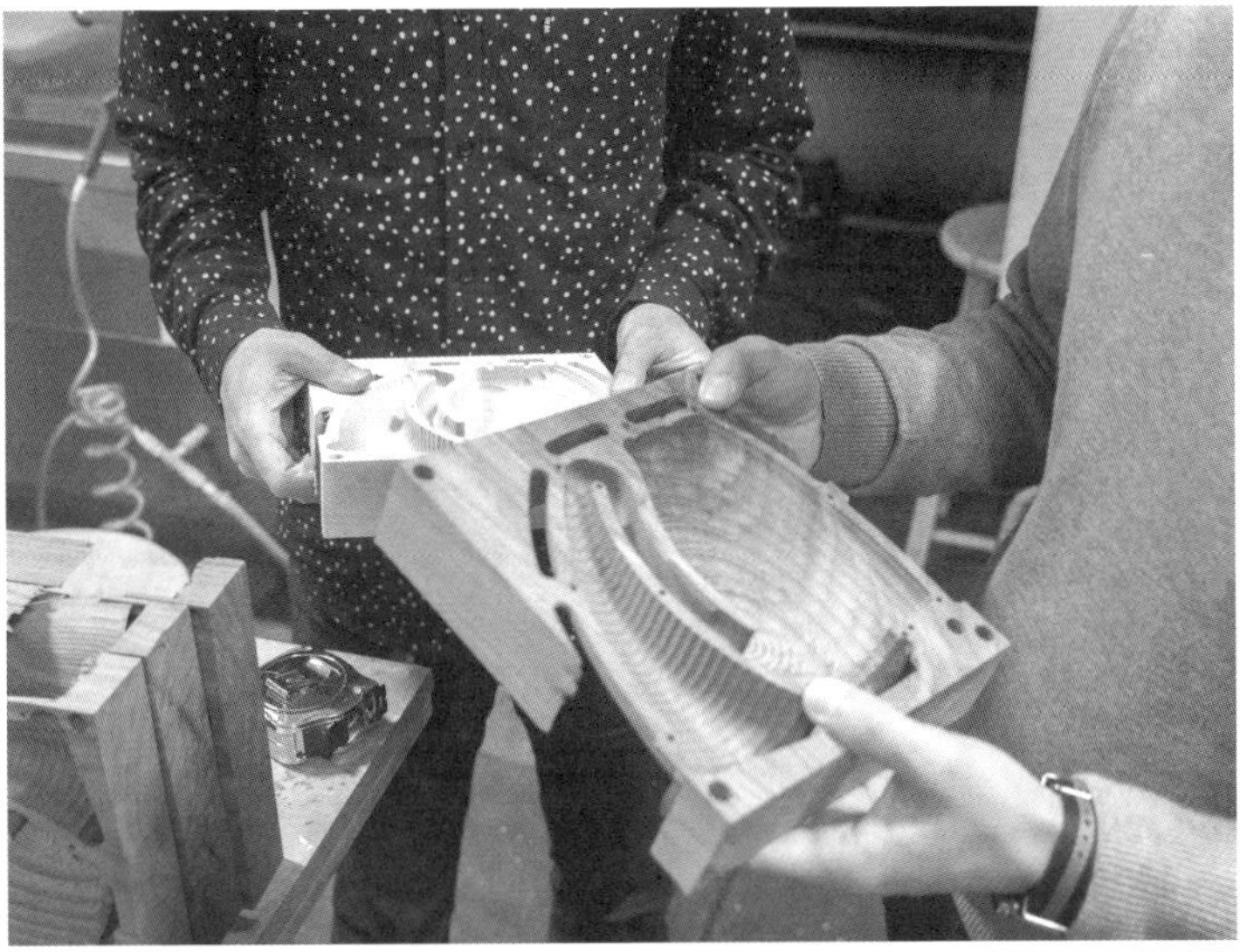

上／スピーカーの木型
下／ハンドメイドでつくられる美しいナイフ

を効率化した無駄のない生産方法）の考え方で言うと、オーバープロダクション（つくりすぎる）とオーバープロセシング（時間をかけすぎる）になりがちです。

山崎 クオリティと効率をどう両立させるかは難しいですね。

冨田 クオリティと時間をチャートにしたら、時間をかけるほどクオリティは上がっていくけど、ある地点から時間をかけてもクオリティは上がらなくなります。2倍の時間をかけても1％しかクオリティは上がらなくなる。そうなる前に止めないといけない。

山崎 時間とクオリティがピタッと合うベストスポットがきっとあるんですね。

冨田 そう。うちのベストスポットは他のアメリカの会社より少し上だと思います。良い仕事をしたいから、どうしても厳しくなってしまう。良くない仕事でビジネスとして儲かる道があっても、僕はやりたくないんです。

山崎 それが冨田ケンの信念なんですね。それはいつ頃気づいたんですか？

冨田 自分で事業をやり始めた時からずっと変わりません。それは師匠のジェラルドの影響ですね。

最先端の生産管理システム

冨田 グローブのウェブサイトやERP（生産管理システム）は、弟のユージが全部カスタムでつくってくれました。彼はＩＴのプログラマーで、Departmentという会社を経営しています。

山崎　カスタムで！

冨田　製造業の会社は、在庫情報を常に収集していないといけない。そうしないと損益計算書がつくれませんから。工場にはＱＲコードをスキャンするマシンがあって、作業者が携帯でスキャンしたらＥＲＰのシステムに自動的に製造日時・個数、販売日時・個数がすぐに入力されます。一番難しいのはパーツの管理。１０００種類くらい部品を使っているから、人間が管理をするのは無理なんです。だからすべてデータベースに入れて、自動発注できるようにしています。

山崎　生産管理システムは超一流なんですね。

冨田　うちくらいのサイズの会社にしては超一流です。しかも、弟だからファミリーディスカウントがききますし（笑）。ユージはうち以外にも、タナーグッズとかたくさんクライアントを持っています。

山崎　ＩＴのプログラマーは、今引っ張りだこですね。

ユーザーの欲しいものと、自分たちのつくりたいもの

山崎　グローブのお客さんはどんな人たちですか？

冨田　僕らが想定していたより若い。24～34歳くらいが一番ボリュームが大きくて、そこから年齢が下がっていく。他のプレミアブランドのお客さんはもっと年齢層が高い。グローブのファンは若くてデザイン性の高い生活をしたい人なんです。ただ、うちの製品は安くないから、年齢層が低くなると正直ビジネスとして難しい。

山崎　若くてお金を使える人に限定されてしまいますからね。

冨田　最近いろんな人と話して感じていることなんですが、今までグローブは、単純に言うと、僕のやりたいことばかりやってきたんです。お金を儲けるための会社じゃなくて、僕のやりたいことをやる会社。

山崎　冨田ケンのライフスタイルの延長みたいなところがあったんですね。

冨田　そう。お客さんが何を欲しているかなんて考えずに、自分たちの欲しい製品、デザインしか手がけてこなかった。たくさんの人が買いやすいメインストリームのデザインではなく、アート優先で、価格帯も高い。もちろんそのおかげで、他のブランドと差別化ができていたわけですが。

　でも、今では従業員が20人いて、この先も事業を続けていくには、自分たちの理想の追求とお客さんのニーズ（性能、価格など）が交差するポイントを発見することが重要になると思うようになりました。

　具体的には、プライスポイントを下げると、お客さんの層は広がります。たとえば、市販のナイフは50ドルで買えますが、うちのナイフは170ドルもします。こうしたハイクオリティの製品だけでなく、100ドルで買えるナイフもつくれば、お客さんの層は広がります。

山崎　たしかに、グローブの製品は100ドルで買えるものがないから、プライスポイントを下げるのは一つの方法ですね。

冨田　万人受けするベーシックな製品を出せばと、よく言われます。でもお客さんの欲するものだけをつくるようになると、他の会社と差別化できなくなってしまいます。そのバランスが難しい。

山崎　そうなると、価格競争になってしまいますからね。

冨田　これまでファンに支持されてきたデザイン性の高さは落としたくありません。僕らのような事業をやっていると、デザイン性を高めていくことより、デザイン性を落とす方が逆に難しいんです。

西海岸のオープンなものづくりのカルチャー

山崎　ポートランドのメイカーたちはお互いに協力するし、他の街に比べてかなり特殊だと思いますが、ケンさんはメイカーの1人としてどう感じていますか？

冨田　RISDにいた時に感じたのは、東海岸のカルチャーはすごく競争心が強いこと。ものづくりが負のエネルギーで支配されている感じがして、西海岸で育った自分には、そこが合わなかった。
それでポートランドに来て家具をつくりだしたら、まわりの同業者のみんながすごくフレンドリーで、初心者の僕にベテランの人たちがいろいろ教えてくれました。本当はライバルなのに鉄の溶接を教えてくれた友達もいます。ここではほとんどの人がすごくオープンで助けあう心を持っていますね。

山崎 それは、メイカーの知りあいからよく聞くのですが、なぜなんでしょう？

冨田 僕が家具づくりを始めた10年前からそうだったから、多分、もっと前から続く西海岸のカルチャーじゃないでしょうか。

山崎 オープンなカルチャーが根底にありながら、ポートランドぐらい街が小さいと、お互い助けあっていかないと上手くいかないのかもしれませんね。

冨田 グローブは最初、iPhoneケースだけを製造する会社からスタートしたから、ライバル会社との競争がとても激しかった。とにかく誰よりも早く新しいiPhoneモデルの情報を手に入れることに必死で、同業者はみんなビジネスを隠したがる業界でした。
でも2年くらい前から、ケース会社じゃなくデザイン会社にしようと、つくる製品も会社のカルチャーも変えてきました。今は秘密にしなくてはならないものはまったくなくなりました。他社にライバル意識も全然ありませんし、直接の競争相手もいません。

西海岸のオープンなものづくりの
カルチャーを実践する冨田氏

山崎　すごい変化ですね。

冨田　たとえば、木製メガネフレームのシュウッド（Shwood）の人たちや、レザー製品のタナーグッズ（Tanner Goods）の人たちとも友達で、しょっちゅう情報をシェアしています。グローブのスピーカーのアイデアは、レノボ（Renovo）のケン・ウィーラーの自転車のつくり方からインスピレーションをもらったり。

山崎　ポートランドではそういうメイカーとデザイナーがよく情報交換をやっていますよね。

冨田　僕は他の人から学ぶことを仕事の一部としてやっているところがあります。

山崎　なぜポートランドって小規模で面白いメイカーが多いんでしょうね？

冨田　ある程度、メイカーが集まると、その評判が人を呼ぶんじゃないでしょうか。政治的にリベラルで革新的だし、それを志向する人たちが集まるんでしょうね。

山崎　ポートランドは緩くて、好きなことをしても周囲から叩かれないし、器用でクリエイティブな人たちがお互いに助けあえるから、居心地がいいんでしょうね。

消費者と直接つながるオーガニックなマーケティング

山崎　ポートランドのメイカーは増えていますか？

冨田　すごく増えています。でもそれはポートランドだけでなく、世界中で起きている現象ですね。特に「キックスターター（Kickstarter）」のようなクラウドファンディングのしくみができてから、事業を立ち上げるのが本当に簡単になりましたから。昔は、僕みたいにローンで機械を買わなければならなかったけど、今は大学生でもアイデア次第でビジネスをつくりだせるから。

山崎　起業しやすくなったことも、メイカー・ムーブメントを後押ししているんですね。

冨田　それからインターネットの力も大きい。うちみたいなすごいニッチな会社が、世界中のお客さんを相手にビジネスができるのはインターネットのおかげ。この事務所がある場所で店を開いても、ほとんど売れないと思う。

山崎　グローブではどういうプロモーションをし

冨田氏（右）と山崎氏（左）

ていますか？　たとえばグーグル・アドワーズなどの広告を使ったりはしているんですか？

冨田　うちのブランドは、そういうプッシュセールスやマーケティングはほとんど効果がありません。昔は大企業がマスメディアで広告を打つのが王道だったけど、今の若い人は、これまでの広告やマーケティングにほとんど反応しませんから。

山崎　逆にファンがどんどん広めてくれる感じですか？

冨田　そう。インスタグラムとかスカイプ・チャットとか、お客さんとのリアルなインタラクションを使ったオーガニックなマーケティングが主流ですね。

山崎　世界中でそうなってきているから、グローブみたいな会社には有利ですね。

冨田　しかも、製品だけじゃなくて、その製品のバックグラウンドにある人や会社のリアルストーリーが大事です。うちのブランドもストーリーのアップグレードに力を入れています。

ポートランドでものづくりを続けるために

山崎　これからグローブはどんな方向に向かっていくんでしょうか。

冨田　今、プロダクトも、ブランディングも、お客さんとのつながりも、全部考え直しているところです。うちは、インターネットオンリーのビジネスで、店も持たず、量販もしないから、なかなか大きく成長できないんです。

山崎　日本でもグローブは人気ですし、海外のマーケットに出て行くことは考えていないんですか？

冨田　アメリカ以外の市場はうちの利益の40%を占めています。ただ、どこかの国が突出しているわけでなく、イギリス、日本、韓国、ドイツ、オーストラリア、カナダなどが数パーセントずつ小さく割れているから、うちくらいの規模の会社だと、それぞれの国専用のウェブサイトをつくったりするほどの労力はかけられません。大会社だと、その国のマーケット向けに工場をつくったりもできるんでしょうけど。

グローブのインスタグラムのファンは60%がアメリカ以外の国の人だから、もう少し海外のお客さんが買いやすいしくみにしたいとは思っています。でも、卸売業者を使ったり、自前の調達サービスを開発したりすると、すごくコストがかかります。やはり国内向けの取引の方が利益率は圧倒的に高いですよね。輸送のリスクとか関税のことを考えると。

山崎　4割を占めるアメリカ以外の市場には特に何もプロモーションを打たずに広がっていったんですか？

冨田　これといって特に何もしていません。アクシデントみたいな感じですね（笑）。でもヨーロッパや日本はデザインのレベルがアメリカより高いし、デザインを重視する人の割合も多いから、良いものをつくれば、受け入れられるのは当たり前なんです。

山崎　最後に、ケンさんにとって、ポートランドってどんな街ですか？

冨田　僕はここで育ったから、良い方に変化していってほしいですね。最近はうちみたいな小規模なものづくりのビジネスをここでやっていくのがどんどん難しくなってきていますから。

山崎　建物の賃料が上がり続けていますからね。

冨田　ここの家賃も、次のリースの更新時に4倍になると思います。グローブのあるセントラルイーストサイドはクリエイティブな人がたくさん集まり、ものづくりがしやすい場所だけど、もっと遠くに引っ越さないといけなくなるかもしれません。

山崎　みんな外に出て行かないといけない状況に

セントラルイーストサイドにあるGROVEMADE

なってきているんですね。

冨田　うちの最低賃金（時給）は、前は10ドルだったけど、今は15ドル。それでもポートランドで生活するには足りないんですよ。5〜6年前だったら15ドルでも十分食べていけましたけど。だからビジネスでこの状況を乗り越えていかないと。

山崎　でもビジネスの規模はそんなに大きくしたくないんでしょう？

冨田　まぁ、そこまではね。25人くらいで働くのがベストサイズかな。ポートランドでものづくりを続けていくためにも、もう少し大きくしつつ、ビジネスの質も上げていきたいと思っています。

（２０１６年10月　GROVEMADE にて）

5

PORTLAND MAKERS

フェアでサステイナブルなコーヒービジネス

マーク・ステル

Mark Stell

PROFILE

Portland Roasting Coffee 社長。1967年アメリカ・ウィスコンシン州生まれ。ポートランド州立大学中退。1992年Abruzzi Coffee Roastersの開業を経て、1996年Portland Roasting Coffeeを設立。創業当時から中南米やアフリカの農場を渡り歩き、直接買いつけ、自社で焙煎してきた。ポートランドのサードウェーブコーヒーの生みの親の一人。

PORTLAND ROASTING
Coffee

ROASTING

Portland Roasting Coffeeの
焙煎プロセス

世界各地から輸入された生豆(右上・下)。ローススターの温度と時間は機械で管理されているが、焙煎状態は常にチェック(左上・下)

焙煎が終わったら冷却装置に流し込み素早く温度を下げる（右下）。ミディアムローストの香ばしい香りが漂う（左上）。焙煎した豆を丁寧に測りながら梱包

TANZANIA

最高のロケーションにある、タンザニアのコーヒー農園。農園を象が横切り（右）、冠鶴も訪れる（左）。芽吹いたばかりのGeisha Coffee（次頁下右）、コーヒーの実を収穫するマーク氏（次頁下左）

COSTA RICA

最初にダイレクトトレードを始めた、コスタリカのコーヒー農園。左は収穫されたコーヒーチェリー(赤く熟したコーヒーの実)

TASTING

世界中から集めた豆の中からお気に入りの豆を選んで、小さなロースターで焙煎しテイスティングできる（右上・下）

SHOP ロースターに併設されたカフェ

ポートランド国際空港にある
Portland Roasting Coffee（上）、
京都では期間限定の営業（下）

マーク・ステル

WE REALLY DON'T HAVE COMPETITION IN THIS BUSINESS. IF THERE IS, IT'S ALWAYS MYSELF.

この業界で競争相手はいない。
いるとすれば、それはいつも自分自身だ。

ブラジルで見つけた自分のミッション

山崎　Portland Roasting Coffee（ポートランド・ローステイング・コーヒー）を経営しているマークさんに、ポートランドのコーヒーカルチャーとサステイナブルなビジネスについてお聞きしたいと思います。まずは、ポートランドに来られた経緯を聞かせて下さい。

マーク　私はウィスコンシン州のケノーシャで育ちました。父親がレストランを経営していて、高校は地元のカトリックの全寮制の男子校に通い、オハイオ州のデイトン大学に入学しました。でも3年で大学を辞めて、ラスベガスでディーラーとして働いていました。

山崎　意外ですね。

マーク　1年後、ディーラーの仕事を辞め、ちょうど姉がポートランドで看護師をしていたので、こちらに引っ越してポートランド州立大学に入学することにしました。

山崎　大学では何を勉強していたのですか？

マーク　ビジネス（経営学）を専攻しました。大学では、AIESEC（アイセック）という学生組織に深く関わっていました。

山崎　どういう団体ですか？

マーク　世界中で経済学や教育学を学んでいる学生が運営する非営利組織で、国際的なインターンシップの交換プログラムを提供しています。たとえば、日本で働きたいアメリカ人がいた場合、日本のアイセックに問い合せ、日本の受け入れ企業を探して、ビザの申請などインターン生の受け入れをバックアップします。

山崎　大学時代に現在のビジネスにつながるきっかけはありましたか？

マーク　1992年、25歳の頃にブラジルのリオデジャネイロで国連主催の「環境と開発に関する国際連合会議」が開かれました。私はアメリカの大学生代表の1人に選ばれて、3週間現地に滞在し、世界中のリーダーが集まるカンファレンスに参加し、大変刺激を受けました。

そして、ブラジルで人生を変えることになるコーヒーに出会ったのです。ブラジルの旅の途中でコーヒーの輸出を手がけている人に出会って、ブラジルのコーヒー産業について教えてもらった上、農場の見学までさせてもらいました。ブラジルは世界有数のコーヒーの産地で、世界で流通しているコーヒーの35%がブラジル産です。

しかし、私が農園で会った労働者やその家族の生活はとても貧しく、厳しいものでした。アメリカではコーヒー一杯が3ドル。毎日1億8千万のアメリカ人がコーヒーを飲んでいます。しかもコーヒー産業は世界人口の増加とともに成長しているんです。それなのに、コーヒーを育て収穫している、コーヒーに一番近い人々が貧困に瀕していて、子どもたちは十分な基礎教育すら受けられない状況はおかしい。

山崎　コーヒー業界の現実を知ったわけですね。

マーク　ブラジルでの経験を通して、自分のやりたいこと、ミッションがはっきりとわかったんです。コーヒー業界をもっとフェアで持続可能なものに変えていこうと。そして絶対にそれをやりとげようと決意したのです。まさに人生のターニングポイントでした。

コーヒー豆の焙煎で起業

マーク　ブラジルから戻ると、大学を卒業せず、すぐに働き始めました。コーヒーの焙煎直売をしている小さな会社に就職したのですが、ビジネスモデルがしっくりこなくて辞め、自分の会社を始めました。

山崎　その時、いくつだったんですか？

マーク　25歳だったと思います。当時交際していた現在の妻と出会って、2人で「Abruzzi Coffee Roasters」という焙煎豆を小売する会社を1992年、ノースウェスト地区に開業しました。

山崎　お客さん1人1人にコーヒーをサーブしていたという話は有名ですよね。

マーク　当時はかなり先取りしたスタイルでしたけど、今ではあんな商売の仕方は誰も真似しないでしょうね。

山崎　どうしてそのビジネスを始めようと思ったのですか？

マーク　まず、人々が本当に好きなコーヒーを提供できる、最高のロースター（焙煎業者）が必要だと感じていました。

コーヒーの好みというのは人によってそれぞれ違います。まず、店に来てもらって私と1時間くらい過ごしてもらうんです。話をしながら、世界中から集めた豆の中から4～5種類を選んで、その後30分くらいかけて試飲します。ダークなもの、ライトなもの、原産地の違うものから自分にぴったりの味を見つけます。そして、選んだ豆を小さなロースターに1パウンド入れ、レシピを書いて、自分だけのコーヒーをブレンドしてもらうのです（150頁）。

とても時間と手間がかかるので、最高のビジネスモデルとは言えないのですが、自分のカッピング（コーヒーの品質の善し悪しを判断すること）のスキルやコミュニケーションスキルも上達しましたし、十分な収入が得られることもわかりました。

山崎　その頃、ポートランドのコーヒーシーンというのはどういう状況だったんでしょう？

マーク　私が開業した1992年当時、それなりの規模のロースターが10～11軒はありました。Boyd's Coffee はすでに創業100年でしたし、Longbottom Coffee and Tea、Kobos Coffee、K&F Coffee Roasters なども創業10～20年は経っていました。Coffee Bean International なんて今では何百万ドルという規模の会社になっていますよね。

このように、マーケットはかなり競合していました。ただ、大きな会社は別ですが、小さなロースターはきちんとブランディング、差別化されていないことに気づいたのです。

山崎　なるほど。

マーク　それで、私の会社は、美味しいこと、サステイナブルであること、この二つにフォーカスすることにしました。開業した当時は、フェアトレードやサステイナビリティの認証を受けた食品も一般に知られていませんでした。

それで、どうやったらこの業界を変えることができるかを考えました。すぐに、Specialty Coffee Association of America（ＳＣＡＡ、全米スペシャルティコーヒー協会）と関わるようになり、ＳＣＡＡのサステイナビリティ評議会やたくさんの委員会に参画し、新たな分科会を組織し、会員の教育を進めるなど、25年間、本当に多くのプロジェクトに関わってきました。

なぜかというと、実際にこのような大きな業界を変えていくには、政策づくり（立案）に関わり、これまでとは違うやり方に共感を得なくてはなりません。

山崎　小さな会社が多くの人の考えを転換するのは難しくはないですか？

マーク　いいえ、簡単です。会社や業界を別の方向に転換させるには、自分で行動して実際にそれを動かす手段（商品やイニシアチブ）を手に入れればよいのです。

具体的な例で説明すると、多国籍企業のインターナショナルペーパー社は紙製品の堆肥化の可能性に気づいた瞬間から変わったのです。ただの紙コップを売っていた頃と、「Ecotainer」というコンポスタブル（堆肥化可能）な容器を開発した今では、従業員のモチベーションや会社の将来性がまったく違うものになったはずです。製紙会社がもたらした変化は、コーヒー業界の紙コップもコンポスタブルなものに変えていきます。私たちの会社も西海岸でコンポスタブルな紙カップのプロダクトラインを始めました。

山崎　そうだったんですね。

マーク　もし、同じクオリティで同じ値段なら、人々はサステイナブルな商品を買いますよね。だから、美味しくてサステイナビリティにフォーカスしたストーリーがあるコーヒーを売るのは実は簡単です。競合他社と戦える価格にするので、莫大な利益は出ませんが。

ダイレクトトレードにこだわる理由

マーク　Abruzzi Coffee Roastersを１９９６年に売却し、「Portland Roasting Coffee（ＰＲＣ）」をパートナー２人と始めました（１４６〜１４７、１５０〜１５１頁）。

山崎　なぜ、Abruzziを売却してＰＲＣを創業したのですか？

マーク　Abruzziは小規模で、ビジネスモデルに限界があり、コーヒー業界に影響を与えられるようなスケールには辿り着けないと思ったのです。その頃ちょうどAbruzziにも買い手がついたので、良いタイミングでした。

そしてどうやって質の高い、サステイナブルなコーヒーを売りつつ会社を成長させられるかを考えていた時に、同じ価値観を持ったパートナー2人に出会ったのです。それで、彼らといちから新たなビジネスモデルを構築してPRCを始めることにしました。

私たちは、PRCをクオリティだけでなくサステイナブルなイニシアチブで知られるブランドにすることを自らのゴールに定め、卸売にもっとフォーカスすることにしたのです。

山崎　それでB to B（企業間取引）に移行したの

セントラルイーストサイドにある
Portland Roasting Coffee

ですね。

マーク　そうです。クオリティの高いコーヒーで市場を獲得し、ブランド力を高めて販売することだけにフォーカスすることにしたのです。ポートランドを社名に入れたのは、ポートランドというモデルを軸にして全米に展開したいと思ったからです。

ポートランドには素晴らしい食文化、飲料文化があります。特に、コーヒー、ビール、ワイン、紅茶といった飲料は全米で一番質が高く、企業の数も多い。

山崎　ＰＲＣというブランドにしたのは、ポートランドがクリエイティブでサステナブルな精神を持っていたからなんですね。

マーク　１９９６年にＰＲＣの仕事を始めてから、自分たちの扱うコーヒー豆の生産地についてもっと知る必要があると感じていました。それで98年に、最初にダイレクトトレード（生産者との直接取引）を始めた仕入れ先であるThe Coffee Sourceというコスタリカの農園を訪れました（１４８〜１４９頁）。

以前ブラジルでもコーヒー農園を見たことがありましたが、中米で小さな農園の数々を初めて目にした瞬間、まさに私たちはこのためにやってきたのだと感じました。その農園で働く人々は本当に素晴らしい仕事をしていました。しかし、彼らの仕事はきつく、割のいい仕事ではありません。農園労働者というのは、世界で最も貧しい人々です。買いつけに行く度に、農園で働く人々の生活を改善するために、その仕事に対する正当な対価を支払いたいと思うようになりました。そこで、彼らとダイレクトトレードをすることにし、自分たちの取引を「Farm Friendly Direct Program」と名づけました。生産地を直接訪ね、農園を見つけ、コーヒー豆を買い、その資金を仕入れ先のコミュニティ・プロジェクトに投入するのです。

農園労働者の賃金が低い理由は、コーヒーがコモディティ（日用品）だからです。この状況を変えるには、コーヒーの付加価値を高め、価格をもっと高く設定するべきなのです。日用品市場の基準価格は毎年大幅に変動します。しかし、私たちは直接仕入れることで、仕入れ価格を、農家が利益を出せず、労働者に賃金を払えなくなるような価格以下にしないようにしました。私たちの最低基準価格は市場価格を下回ることはありません。私たちは常に市場価格より1パウンドあたり2〜3ドル高く買っています。

私たちは農場で働く人々の生活を保障するために、正当な対価を支払い、毎年一〜二つのコミュニティ・プロジェクトに関わっているからこそ、彼らは生産を続けられ、私たちはそのコーヒーを買うことができるのです。

山崎　どんなコミュニティ・プロジェクトを実施しているのですか？

マーク　初めの年は託児所を導入しました。移民労働者たちは自分たちの子どもを預けられる場所を必要としていたからです。

それで、資金を集めるため、コーヒー1パウンドに対して10セントを上乗せした価格で販売したところ、3500ドルが集まりました。とても小さな金額ですが、ベビーシッターの賃金の一部を支払うことができました。やがて、その場所は学校に再編され、教師を派遣し、コンピュータも設置しました。何年もかけて実行した小さなプロジェクトが雪だるま式に拡張し、今では政府も関わるようになったのです。

その後、人々がもっと切実に必要としている、きれいな水と食料の確保へシフトしていきました。2016年の現在ですら、コーヒー豆の収穫をしている人々は今年を生き抜くために十分な食料を確保できていません。土地を持っている農園オーナーですら、次の収穫シーズンまで3カ月間、空腹を凌がなくてなりません。

山崎　そうなんですか！

マーク　私たちはコーヒーロースターのNPOみたいなものなのです。

コーヒー農園の労働環境を改善する

マーク　私たちが農園とダイレクトトレードを始めてから6、7年くらい経ってから、私はこれらの農園が世界で一番美しい場所だと思うようになりました。

2004年には妻と一緒に初めてアフリカへ行き、タンザニアとエチオピア、南アフリカのケープタウンに滞在し、100カ所くらいの農園を訪れ、カッピングをしました。コーヒーロースターが彼らの農園を訪れたのはおそらく初めてだったと思います。普段は輸入業者しか訪れないような所ですから。

タンザニアに滞在中にシアトルの輸入業者と一緒に、Crown Crane Coffee Estate というコーヒー農園を営む兄弟に会いました。彼らにコーヒーをご馳走になったのですが、それまで彼らは小売業者のためにコーヒーを入れたことがなかったようで、とても嬉しそうにもてなしてくれました。私たちは彼らの豆を買うことを決め、シアトルの業者を通して取引の話をまとめてもらうように伝えると、彼らは「これは凄いことだ！」ととても興奮していました。そして、私たちが旅行中に使う車まで貸してくれたんです。私はこの旅で、自分の未来のビジネスパートナーと出会ったわけです。それから数年後、私はその農園に出資して共同経営者となり、今では毎年タンザニアにコーヒーを探しに行くようになりました。それがビジネスモデルの次のフェーズです。

山崎　なるほど。

マーク　その農園は70年の歴史があり、古くて荒れていましたが、高い緯度に位置してロケーションが最高です（148〜149頁）。世界遺産のンゴロンゴロ自然保護区がちょうどその農園の上にあって、本当に驚くほど美しい場所です。素晴らしい湖を眺めながら、運がよければ農園を象が通りすぎる様子を見ることができます。

山崎　農園に象！

マーク　この農園をようやく見つけた時、私たちが車で入っていくと、10頭以上の象が農園の真ん中に座っていたんです。それを見た途端、「ここを買おう！」と決めました。しかし、いざ買ってみたら、たくさんの問題を抱えていることがわかりました。

山崎　どういう問題でしょうか？

マーク　農園で働く労働者、地域政府、国家など、すべてです。まず、水と食料が十分にありません。そして第三世界ではよくあることですが、政治家の汚職がはびこっています。ここではこれまで経験したなかで、最も眼が覚めるような、自分たちのビジネスを貫くための教訓を得ました。

これは地元のビジネスパートナーとの国際的な共同ビジネスで、そういった面倒な問題はすべて管理してくれると思い込んでいたのですが、そうはいきませんでした。タンザニアは、前政府の内向きな政策から一転して、外に向けてオープントレードを始めたばかりでしたので、そういった手続き等についても熟知する必要がありました。

また、もともとその農園でつくっていたコーヒー豆は素晴らしいと言えるクオリティではなかったので、豆の育て方についても試行錯誤しました。それから10年、今では素晴らしいコーヒーを生産できるようになりましたし、美しいロケーションをいかして、最近では旅行者も受け入れ始めています。それを実現するまで、地域政府、国家、ビジネスパートナーと闘いながら、本当に長い時間がかかりました。

山崎 農園はあなたの家族の所有なんですね。

マーク タンザニアの農園経営ではまったく儲けは出ていません。というのも、私たちが目指す農園にするためにはとても資金がかかるからです。それでも私は投資を続けてきました。

PRCのコーヒービジネスとは別なんですが、スタッフに自分たちのコーヒーについて学んでもらうために、現地に派遣しています。東アフリカの人々が貧困にあえぎ、多くの助けを必要としている現場を実際に見ることで、彼らは私たちがなぜこういうビジネスをしているのかを理解し、戻ってくると、いろいろなアイデアや意見を出してくれます。

山崎 それは会社にとってもいいことですね。

マーク その通りです。こういう体験を通して、PRCは垂直統合されたサプライチェーンを持つ珍しいコーヒーロースターで、それがPRCを競合相手と差別化してきたことを学べるのです。

卸売から小売へ、ビジネスモデルの転換

マーク コーヒーのビジネスは至ってシンプルです。私たちの唯一の競争優位というのは、誰から、

どういう品質のものを買うか、それだけです。

質の低いコーヒーを買って、安く売るという方法もありますが、これはまた違うビジネスモデルですね。私たちは、サステイナブルに仕入れたコーヒーを、適正な価格で売ることを目指しているのです。

山崎　創業以来、変わらない哲学のようなものですね。

マーク　そうです。ビジネスの規模が拡大しても、そこは変わらず追求し続けます。

そして、ダイレクトトレードによる卸売がある程度軌道に乗った後、ビジネスモデルを進化させる次のターゲットは、自分たちの直売店（カフェ）を持つことでした。ですから、ポートランド港湾局から、ポートランド国際空港に出店しないかという話をいただき、私たちは飛びつきました（152頁）。PRCは空港で小売をしている唯一のローカル企業だと思います。今やポートランドで焙煎をしていても外国資本の傘下に入ったロースターも増えていますから。

山崎　そうですね。

マーク　タイミングもちょうど良かったんです。全米の食料品店への卸売を展開し始めた時期でしたから、ポートランドに旅行に来た人たちが空港で私たちのコーヒーを知り、地元の食料品店で同じコーヒーを買ってくれるという、ビジネスのつながりをつくれるチャンスでした。

空港への出店料は非常に高いので、大きな利益は出ませんが、ポートランド国際空港は全米のなかでも4年続けてトップランクに選ばれるほどの人気ですから、アメリカ国内だけでなく国外に向けても絶好のブランディングの機会になるはずです。

山崎　PRCは日本でもビジネスをされていますよね。

マーク　ええ。1996年からですから、かなり長いですね。

山崎　どういう経緯で日本との関係が始まったのでしょうか？

マーク　PRCを始めてすぐにCoffee Festという展示会に関わりまして、そこで1人の日本人と出会いました。彼は当時、沖縄でSeattle Espressoというコーヒーショップを経営していました（現在は閉店）。その他に、全国の在日米軍基地内でもコーヒーショップを10軒ほど持っていたんです。

それから数年間は彼が日本での唯一の取引先だったわけですが、その後、今PRCの副社長をしてくれているポール・ギルズが以前福岡で開いていたRosarian Coffee、名古屋のSweet of Oregon、札幌のえぞ麦酒にも卸しています。今では、元メジャーリーガーの野茂茂雄さんともオリジナルブレンドのコーヒーを開発・販売しています。

山崎　野茂さんとはどういう経緯でビジネスをするようになったのですか？

マーク　ナイキに共通の知人がいて、2009年に野茂さんがポートランドに来た時に、その知人がPRCに連れてきてくれたんです。焙煎工場を見学してもらった後、彼自身がテイスティングしてブレンドしたコーヒーを「NOMO BREND」として売りだそうと意気投合しました。そして、東京や大阪のショップで売りはじめ、２０１６年には京都で小さなカフェも実験的にオープンしました（夏季と冬季は休業、１５２頁）。野茂さんと一緒にビジネスをするのはとても楽しいですね。

いつか、小さなロースターを使った小売を日本でいちから育ててみたいですね。ローストした豆を輸入すると13%も関税がかかりますが、生の豆には関税がかからないんです。またローストした豆は、急いで送らないと品質が落ちてしまいますが、生の豆を送って日本でローストすれば、少量生産ができ、いつも新鮮な豆を提供できます。

日本もポートランドもそれほどマーケットに違いがあるようには思えません。誰でも、新鮮で美味しくて納得できる価格の商品が売られていたら、その店に通うでしょう。

四半世紀を経たコーヒー産業の進化

マーク　ポートランドのコーヒー業界も急速に変わりました。先にも述べた通り、私がロースターを始めた92年当時は全部で10〜11社しかありませんでしたが、今では60〜70社に増えています。

山崎　信じられませんね！

マーク　その多くが数件の取引先だけに卸しているような小さなロースターです。2年前になりますが、Oregon Coffee Board（オレゴンコーヒー理事会。２０１５年設立。会員企業52社）

という団体を、ロースターをはじめとするコーヒー産業の関係者で設立するのを手伝いました。ポートランドにコーヒーロースターが開業してから100年以上経ちますが、それまで業界として組織を結成したことはなかったんです。ワインやクラフトビール、蒸留酒の製造者にはそれぞれ協会（組合）がありますが。

その組織の立ち上げを進めている時に思ったのです。なぜ私たちは一緒に集まるのかと。もちろん私たちは競合相手ですけれど、シェアできるものもたくさんあります。コーヒーに関する教育や、オレゴンでのビジネスをブランディングすることも協力できるはずです。今では毎月集会を開いて、この産業の四つの分野にフォーカスしたセッションを行っています。理事会に参加する企業も少しずつ増え、多様な業種が関わるようになっています。

ポートランドでも以前なら、小さなコーヒーショップからスタートしても経営していけました。ですが、今では同じブロックに複数のコーヒーショップが店を構え、以前のように経営は安定しません。数がはけないので、食事を出したり、コスト削減のために自分で豆をローストしたりしなければなりません。私たちが小売に力を入れるようになったのは、こうしたコーヒー市場が変化するなかで、自社ブランドの認知を高め、発展させていかなければならないからです。

山崎　コーヒー産業が発展する反面、競合相手が増えて大変そうですね。

マーク　私はそれをポジティブに捉えています。マーケットがスペシャルティな方向にどんどん変わっていっている状況はPRCにとってプラスの影響しかありませんね。コーヒーというのは、もともと景気に左右されない日用品ですから、景気が良かろうが悪かろうが、人々はコーヒーを飲むんです。

私たちはこれまで20年間、自分たちの事業の背後にある哲学をとても大事にしてきました。ただ、顧客に対しては、その哲学を十分伝えてこれなかった。今後は私たちが、どういうプログラムやプロセスでコーヒーを提供しているか、そのバックストーリーまで共有してもらった上でPRCのコーヒーを好きになってもらえるような取り組みをしていきたいと思っています。

人々が才能を持ち寄るシンクタンクのような街

山崎　マークさんにとってポートランドとはどういう場所ですか？

マーク　1990年に引っ越してきた時は、今では大変混雑している州間高速道路205号線を走っていても、車は2、3台くらいしかいなかったのを覚えています。ポートランドは今も小さな街ですが、実際にはどんどん大きくなっているのです。

この街を特別にしているのは、私自身がその業界にいるからかもしれませんが、飲料産業だと思います。全国的にトップレベルでしょう。

山崎　国際的にもそうですよね。

マーク　その通りですね。コーヒー業界には素晴らしい競合相手がたくさんいて、この街のどのエリアでもまずいコーヒーショップを見つけるのが難しいくらいです。

私たちのロースターがあるこのブロックにも、両サイドにワイナリーがあって、ブルーパブもあります。朝起きてから夜ベッドに入るまで、どこにいても、ビールからワイン、コーヒー、紅茶まで、最高の飲み物が手に入るんです。これが、私がポートランドがとても特別だと思う理由です。

これほどクリエイティブな飲料産業があるので、食べ物のレベルも上がる。だから食品産業も発達したわけです。

山崎　なるほど。

マーク　また優秀な競合相手が多いことは、競争意識を刺激し、市場を活性します。ポートランドのコーヒービジネスは競合相手が増えたことで、間違いなく良い方向に変わりました。

山崎　競合相手は、ビジネスを邪魔するのでなく、むしろ成長させるトリガー（引き金）になるんですね。

ところで、ポートランドはメイカーの街、クリエイティブな街、イノベーションの街と言われていますが、あなた自身もそうであったように、どうしてこんなにも多くの人がビジネスを始めることができるんだと思いますか？

マーク　ここには自然や人材などたくさんの資源が身近にあるから、外へ出て、人に会って、すぐにアクティブに活動することができるのだと思います。これは私たちのライフカルチャーの一部だと思いますね。

そして、ポートランドの起業シーンを見渡してみると、1人でビジネスを立ち上げる人はごくわずかで、ほとんどは誰かとパートナーになってやっているんですよ。

山崎　たしかにそうですね。

マーク　1人で起業するのはとても大変ですから。私も自分のビジネスを、2人のパートナーと始めましたから。

山崎　コミュニティの資源をみんなでシェアしているような感じですね。

マーク　この街は、才能のある人が自分の資源を持ち寄って集まるシンクタンクのようなものなのかもしれません。

山崎　すごく共同的ですよね。助けあいの精神が根づいている感じがします。

マーク　この街では、チームをつくって、一緒にやりたいことをやるのがとても簡単なんです。私にとって、ポートランドは今でもビジネスをするには素晴らしい場所です。

スタッフを雇う時は、その人が私たちの会社でなぜ働きたいのか、その理由を一番大事にします。それと、何かに情熱を持っていることも大事ですね。なかにはいつか自分のビジネスを起業するために私たちの会社で働いている人もいますし、実際に会社を去って自分の会社を始めた人もたくさんいます。

山崎　起業した人たちは、コーヒーに関わるビジネスをしているのですか？

マーク　ほとんどそうですね。

山崎　では、あなたはそうやって後進を育てることで、コーヒー産業自体も育てているんですね。

マーク　自分の元から人が去っていくのは寂しくないのかと聞かれたりしますが、そんなことはまったくありません。ＰＲＣのスタッフはみんな一生懸命働いて、次の目標に挑戦しています。彼らには素晴らしいチャンスをものにしてほしいし、彼らのそういう姿は見るとこちらも嬉しくなります。ＰＲＣも新しい人材を採用して、常に新陳代謝することでより高い目標に向かって進化できると信じています。これがスモールビジネスの成長のしかただと思います。

山崎　なるほど。

マーク　私たちはまだ年間たった２００万パウンドのコーヒーを扱っているにすぎない小さな会社です。でも実際の規模より大きい会社だと思っている人が多い。そんなふうに思われるのは、おそらく、私たちが商品の品質にこだわり、素晴らしいチームに恵まれ、常に自分たちのブランドイメージに磨きをかけてきたからだと思います。

私たちにはこの業界で競争相手がいません。いるとすれば、それはいつも自分自身です。もしある日誰かがやってきて、私たちのビジネスを奪いとれるとしたら、そんなビジネスは遅かれ早かれ誰かに奪われるのです。

私たちが目を向けるべきは、競争相手ではなく、お客様そして自社のスタッフです。まずいコーヒーを出せばお客様はすぐに去っていきます。常にお客様とスタッフから信頼される事業をしていれば、どんな競争相手が現れても、私たちからビジネスを奪うことはできません。

山崎　とてもシンプルなビジネスの鉄則ですね。

（２０１６年11月　Portland Roasting Coffee にて）

PORTLAND MAKERS

6

スタートアップのエコシステム

リック・タロジー

Rick Turoczy

PROFILE

Portland Incubator Experiment（PIE）ゼネラルマネージャー。1969年アメリカ・アイダホ州生まれ。Whitman College卒業。マーケティングやライター職を経て、2007年ポートランドのIT系スタートアップを追う人気ブログ「Silicon Florist」を開設。2009年PIEをWieden+Kennedyと共同創業。PIEにてアクセラレータープログラムを構築し数多くの起業家を支援、ポートランドのスタートアップ・コミュニティの中心人物。

Pie

W+Kの建物の一部で活動していた頃の
Portland Incubator Experiment (PIE)

パール地区のシェアオフィスCENTRL OFFICEに入る現在のPIE

CENTRL OFFICEには多様なワークスペース、コミュニティスペースがあり、市内でも人気が高い

BEER
CENTRL OFFICE
I CAN
&
I WILL
EXIT
FedEx

Pie

FIFTH
outdoor
project
Pie

PIEのアクセラレーター・プログラムの卒業式Demo Day2014の登壇者たち

Demo Dayの会場、プレゼン、レセプションの様子

リック・タロジー

IF A COMPANY FAILS,

BUT THE FOUNDER COULD HELP

ANOTHER START UP MANAGE THE GROWTH,

THAT'S NET POSITIVE

FOR PIE AND PORTLAND'S STARTUP COMMUNITY.

ある会社が起業に失敗しても、
そのファウンダーが他のスタートアップの
中核を担えるようになれば、
それはコミュニティにとってネットポジティブだ。

スタートアップ黎明期

山崎　Portland Incubator Experiment（ポートランド・インキュベーター・エクスペリメント、ＰＩＥ）を運営するリックさんに、ポートランドではなぜ多くのスタートアップが生まれるのか、またスタートアップを支えるプラットフォームのしくみについてお聞きしたいと思います。まず、リックさんがＰＩＥを立ち上げるまでの話を聞かせてください。

リック　ワシントン州のウィットマン・カレッジを卒業後、１９９４年にポートランドに引っ越しました。大学時代からスポーツをするためによく訪れていて、小さいけれどカルチャーが豊かな土地柄が気に入っていたからです。それから20年、ここで暮らしています。

山崎　ポートランドでどんな仕事をしようと思っていたのですか？

リック　何かをしようと決めていたわけではなかったけど、二度目の転職でスタートアップを支援する会社に入社し、それ以来12年間、ポートランドのソフトウェアやウェブの起業家たちと一緒に仕事をしてきました。僕が働き始めた頃はヒルズボロやビーバートンなど郊外で起業して、規模がある程度大きくなってから中心部に移ってくる会社が多かったですね。その12年間に、ドットコムバブル（１９９９年）やその崩壊（２００１年）、ソフトウェアの進化やクラウドインフラの出現などが、スタートアップ・コミュニティにも影響を与えてきました。

山崎　その会社ではどういう仕事をしていたのですか？

リック　プログラム開発者とマーケティング担当をつなぐ、トランスレーターのような役割でした。90年代後半から、会社の仕事とは別に個人的なブログを書き始めました。最初は家族や友人しか読まないマイナーなものでしたが、ある時ポートランドのテクノロジー系スタートアップについて自分が見てきたものをブログにアップし始めたら、驚くほど反響がありました。それが「Silicon Florist」（http://siliconflorist.com）です。

山崎　いつ頃のことですか？

リック　２００7年だから、10年前ですね。当時、人々はこの街で何かが起こっていることはわかっていたけど、誰もそのことについて語る人がいなかった。だから、僕がその話を始めたとたん、熱狂的にブログを見てくれたというわけです。

山崎　個人的に始めたブログが、この業界でのあなたのプレゼンスを高めたわけですね。

クリエイティブとテクノロジーをつなぐ実験

リック　２００8年、Silicon Floristを見て、Wieden+Kennedy（W＋K）の戦略企画担当（当時）の

レニー・グリーソンと、エグゼクティブ・クリエイティブ・ディレクター（当時）のジョン・ジェイ（1章参照）が、僕にアプローチしてきました。

彼らは、W＋Kが第一線にい続けるためには、テクノロジー系の人々のクリエイティビティを理解しなければいけないと考えていました。彼らの考え方や問題解決の方法、コミュニケーションにもたらす変化は学ぶべき価値があるものだと。W＋Kはそういう人々とつながるコミュニティをつくる手立てを探していた。それで僕のところに話がきた。

山崎　どんな形で関わるようになったのですか？

リック　２００９年にW＋Kのイノベーション・ラボ（実験室）として、Portland Incubator Experiment（ＰＩＥ）をW＋Kと共同で設立しました（１７８頁）。当初はW＋KとＩＴ系スタートアップの双方がどうやって効果的にコラボレーションできるか、その方法を見つけるための実験でした。

山崎　「実験」なんですね。

リック　大きな企業はイノベーションに興味がある。イノベーションに長けたスタートアップはスケールアップすることに興味がある。お互いの興味をマッチングしたら面白いことが起こるんじゃないかと。

山崎　そういう場合、普通は大企業が小さな企業を取り込むM＆Aが起こったりしないのでしょうか？

リック　むしろそういうことが起こらないように注意をしていました。僕たちは、一方が他方を取り込むのではなく、同じエコシステムのなかで、どうすれば両者が共存できるかを追求したのです。

コワーキング・インキュベーターからアクセラレーターへ

リック　ＰＩＥの開設当時は、主にＩＴ関連の企業を集めたコワーキング・インキュベーターとして、スタートアップが互いにコミュニケーションを図ることで刺激され、新たなイノベーションが生まれると見込んでいました。その頃は、参加者のための特別なプログラムも用意していませんでした。

それを1年くらい続けていたんですが、少し受け身すぎるかなと感じて、もっとスタートアップを近い距離で支援する機会をつくりたいと、アクセラレーター（起業支援プログラム）モデルに移行しました。

山崎　アクセラレーターのプログラムはどうやってつくりましたか？

リック　当時アメリカには人気の高い二つのアクセラレーターがありました。一つはY Combinator（Yコンビネータ）*1で、AirbnbやDropboxもその利用者です。

山崎　シリコンバレーのアクセラレーターですね。

リック　もう一つはTechstars（テックスターズ）*2で、シアトル、ボルダー、ボストン、ロンドンなど幅広い地域に拠点を置き、ネットワークを構築しています。

どちらのモデルも興味深いものでしたが、僕たちの求めるものとは違った。それで、両方の優れた部分をくっつけて、ＰＩＥのプログラムをつくったんです。

山崎　これらのモデルをベンチマークにして自分たちのモデルをつくったということですね。

リック　一般的な参加プロセスを紹介すると、スタートアップ8社に同時にオフィススペースをシェアしてもらいます。ＰＩＥはそのオフィス空間の施工などに資金を出します。決まったカリキュラムがあるわけではありませんが、それから3カ月間、スタートアップと一緒に密にコラボレーションしながら彼らの問題を見つけて、各分野のメンターたちにその解決についてコーチングしてもらいます。

山崎　メンターはどういう人にお願いするのですか？

リック　大きな会社だったり、ローカルファウンダー（地元起業家）だったり、いろいろです。彼らとのコラボレーションを経て、3カ月後、プログラムの卒業式Demo Dayで各社にプレゼンテーションをしてもらいます（182～184頁）。なかにはさらに増資をしたいというところもあるし、新商品を発表するところもあります。プレゼンの内容に条件や制限はありません。

山崎　ピッチコンテスト（複数の企業が自社の製品やサービスをプレゼンして競うイベント）ではないのですね。

リック　ええ。ただそこで彼らのストーリーを話してもらうのです。

山崎　そのプレゼンを聞きにくるのはどういう人たちですか？

リック　公開イベントなので、大きな会社や投資家、メディア、ベンチャーキャピタル、ポートランドやオレゴン州内からコミュニティのメンバーが来ることもあります。

山崎　卒業後も、ＰＩＥではサポートを続けるのですか？

リック　卒業後、二つのことが起こります。彼らは次の日もこれまでのようにオフィスに現れて、やってきたことをやり続けることができます。必要なら僕らも喜んでサポートします。もう一つは、卒業した彼らがメンターになって、次のクラスを助けるんです。

プラットフォームの運営方法

山崎　これまで、何社くらいがＰＩＥのプログラムに参加したのでしょうか？

リック　37社くらいですね。

山崎　37社を選ぶために何社くらい審査しましたか？

リック　１００社くらいですね。ただ審査に落ちてしまった会社のことも見続けて、他のスタートアップにその会社をつなげたり、人材を紹介したりもします。そうすることがスタートアップ・コミュニティを育てることにもなりますから。

山崎　ＰＩＥには誰が出資しているのですか？

リック　Ｗ＋Ｋがこのプロジェクトのメインのパトロン（出資者）で、これまで、プログラムごとにグーグル、コカ・コーラ、ターゲット、インテル、ナイキ、ダイムラーなども出資してくれています。

山崎　ポートランド市開発局（ＰＤＣ）やオレゴン州政府といった公的機関からの援助はありますか？

リック　ＰＤＣと州政府からも援助を受けています。２０１３年には、ＰＩＥの姉妹版として「オレゴン・ストーリー・ボード（Oregon Story Board)」という、ビデオやゲーム、バーチャルリアリティの事業に特化したアクセラレーターを始めました。これも州政府から資金援助を受けています。

山崎　プログラムを受けるスタートアップから受講料をとっているのですか？

リック　無料です。僕らは彼らに投資しているので。

山崎　レンタルオフィスの賃料などもとらないのですか？

リック　最初は賃料をとることも試してみたのですが、コワーキングスペースというのは、そのスペースの賃料を払える人たちをほぼ全員受け入れないといけない。コミュニティに貢献しているかどうかは関係なく、賃貸契約なので必然的にそうなります。

でも、優れたスタートアップ・コミュニティを築くには、賃料を払えない人でも受け入れ、賃料を払える人を断ることも必要になる。コミュニティの利益と成長のためにはね。それで最終的に、僕らがすべきことはコミュニティをつくることだから、賃料はとらないという結論に至りました。

山崎　では、あなた方が一緒に何かをしたくて、スペースを必要としている相手なら誰でも入居できるんですか？　どうやってそういう相手を決めるのですか？

リック　探しているのは、まず、チームの一員としてオープンな共用環境でうまくやっていくことができる人。それから、プロダクトをつくっている場合は、他社とのコラボレーションの可能性や、その製品が同業他社の役に立つかどうかといったことも見ます。でも、PIEに所属していなくても、相手によってさまざまな方法でサポートすることもしています。

スタートアップにとって成功とは？

山崎　これまでで一番成功したのはどの会社ですか？

リック　Simple Finance（店舗を持たず、すべての取引をウェブとスマホのアプリで無料で行える銀行）は最近すごく有名になってきましたね。それから、Cloudability（企業のクラウドの使用コストを削減し効率を高めるための包括的ウェブサービス会社）、Urban Airship（モバイルテクノロジーを使い、顧客との関係を築くプラットフォームやモバイル・ウォレット・サービスを提供する会社）などもＰＩＥのアクセラレーター・プログラムの卒業生です。

山崎　Simple Finance はどこかに買収されましたよね？

リック　そう、ＢＢＶＡ（ビルバオ・ビスカヤ・アルヘンタリア銀行。８２０億ドルの資産を有するグローバル・バンキング・グループ）にね。

山崎　じゃあ大成功ですね。彼らはどういう経緯でＰＩＥを利用したんでしょうか？

リック　Twitter のＡＰＩ（アプリケーション・プログラミング・インタフェース）をつくったアレックス・ペインというエンジニアがいるんですが、彼がサンフランシスコからポートランドに引っ越してきました。僕らが「ＰＩＥに来て何かしなよ」と誘ったら、彼は「ＯＫ、そうするよ」と返事をくれて、翌日本当に Twitter を辞めて Simple Finance のコファウンダー（共同創業者）になったんです。

山崎　彼がここで始めたんですね！

リック　そうです。彼はＰＩＥで Simple Finance のＣＴＯ（最高技術責任者）としてテクノロジーグループを率いて人を雇い始めました。

その時点ではＣＥＯ（最高経営責任者）のジョシュア・ライクはまだニューヨークにいて、サンフランシスコに本社がありました。そして２０１１年のある秋晴れの日に、３人のファウンダーがポートランドにやってきて確信したそうです。「俺たちはここに住むべきだ！」と。そして、ニューヨークとサンフランシスコにあった二つの事務所を畳んで本当にやってきてしまったんです。

山崎　すごく面白いストーリーですね！

リック　Simple Finance は、今や従業員が５００人に増え、２棟目のビルを建てるまでに成長しました。

山崎　Simple Finance の他にも37のスタートアップがこのプログラムを卒業したんですよね。

リック　参加した企業のうち何社かは、プログラムの途中で、その会社の事業形態ではうまくいかないことがわかりました。ＰＩＥはアクセラレーターであって、すべてのケースを成功に導けるわけではありません。でもそれは、うまくいかないということを事業の初期段階で知るチャンスでもあるのです。

ＰＩＥのプログラムを卒業した会社のうち20％はまだ事業を続けていると思います。買収されたところもあれば、失敗したところもあります。でも僕らは失敗を問題とは思わず、それも成功だと考えています。

第１回目のプログラムに、２人だけでやっている Revisu という小さなスタートアップが参加してくれました。結局、彼らのビジネスプラン自体はうまくいきませんでしたが、彼らは同時期に参加していたCloudabilityにテクニカル・コファウンダーとして雇われたんです。今はそこの経営陣としてプロダクトの開発や経営を担っています。それは、PIEにとってネット・ポジティブ（マイナスの影響を上回る代償措置によって全体の影響をプラスにする）なんです。

山崎　コミュニティにとってもね。

リック　ベンチャーが資金調達することだけが、スタートアップの唯一の方法ではありません。多くの仲間とコラボレーションしたり、メンターシップが起こったり、他の方法で企業をサポートすることで、もっと深く掘り起こせるものがあるからです。

コラボレーションのカルチャー

山崎　僕も職業柄、多くの事業者と会いますが、競争相手とコラボレーションをしたり、一見普通でないことがポートランドでよく起こりますよね。それはどうしてなんでしょうか?

リック　それはポートランドのカルチャーのようなものだと思います。コラボレーションすることで、皆がフェアにコミュニティからの利益を受けられるようにする。ポートランドの人たちは、誰かと争って成長していくというよりも、目指すものと現実とのギャップを解決する機能をお互いに補いあいながら成長していくという傾向があるように思います。

特にテクノロジー業界では、たくさんのオープンソースやソフトウェア・コミュニティの影響も大きいと思います。人々は、どれだけリターンがあるかといった金銭的な目標よりも、より良いものをつくることに興味を持っています。開発者が自分だけでなく他の開発者にも役立つツールをつくることが、ここではとても自然なことなのです。

先のSimple Financeもそうです。テクノロジーのイノベーションによって、もっとエレガントな次世代の銀行を人々に体験してもらうために、実店舗を一切構えず、スマートフォンからすべての取引が可能なサービスを始めました。

山崎　普通の銀行にはテクノロジーを変えようというモチベーションはないですしね。

リック　そう。ポートランド近郊にあるインテルも、ユーザー向けのコンピュータをつくるのではなく、もっと良いコンピュータをつくるための部品をつくっています。

山崎　コラボレーションの文化の背景には何があるのでしょうか？

リック　正解はわからないけど、一番よく聞くのは、オレゴントレイル（西部開拓時代に開拓者たちが通った主要道の一つ）の話ですね。オレゴントレイルは途中で、一方はカリフォルニアへ、もう一方はオレゴンへと分岐しました。金銭的なモチベーションの高い人はゴールドラッシュに沸くカリフォルニアへ、自分で入植地を開拓したい人はオレゴンへ向かったという昔話です。

昔も今も金銭的なモチベーションが生みだすカルチャーが色濃いカリフォルニアに比べて、オレゴンでは、自分たちがやりたい仕事をしながら自由に暮らしていければ十分幸せじゃないかという精神が根づいているように思いますね。僕もそうですけど。

山崎　どうしてそうなんでしょうか。

リック　ポートランドで特に素晴らしいと思うのは、人々が自分らしい暮らしをするために働いていることです。働くために暮らしているわけではないんですね。もちろんある程度の収入は必要ですが、長時間働いたりしない。その代わり、自転車とか、バンド活動とか、ビールづくりとか、それぞれのサイドプロジェクトに時間を使っています。

山崎　趣味と仕事の境目がないような活動をしている人は、たしかに多いですね。

リック　そう。だからこそ、自分が趣味でやっていることをビジネスにする方法がわからない人にとって、ＰＩＥのようなプラットフォームが役に立つのだと思います。

山崎　自分の好きなことに没頭できる時間的余裕のある暮らしが、スタートアップのエコシステムを築く土台なのかもしれませんね。その土台の上にＰＩＥやポートランド州立大学のアクセラレーター・プログラムなどがある。そして、他の人たちよりも少し先に成功した人が、今度は次のスタートアップのために協力する。そういうところに、クリエイティブな人々が集まってきて、エコシステムができるんですね。

スタートアップのプラットホームへ

山崎　２０１５年に、Ｗ＋Ｋの中にあったオフィスを、パール地区にあるシェアオフィスCENTRL OFFICEに移されましたね（１７９〜１８１頁）。こちらではどんなことをしていますか？

リック　僕らはこれまでコワーキング・インキュベーターやアクセラレーターをやってきましたが、最近はアクセラレーターをやりたい人からアプローチを受けることが多くなってきました。たとえばＰＤＣのStartup PDX Challengeの担当者も相談にきましたし、いろんな方から声がかかるようになりました。

それで、これまで僕らが7年間やってきたことを文書化することにしました。「PIE Cookbook」というプロジェクトで、オープンソースにして、誰でもアクセスしやすくするつもりです。僕らの経験だけでなく、世界中の他のスタートアップ・コミュニティからも成功例や失敗例などの情報を追加してもらえると、もっと幅広いガイドブックになると思います。

また、僕らがメインに扱ってきたＩＴ業界だけでなく、実際に形のあるプロダクトをつくっている製造業の人たちにも、僕らの経験を活かしてもらいたいと思っています。製造業とＩＴ業界は、以前はまったく別の業界でしたが、今やものづくりにＩＴの技術は欠かせないものになり、またＩ

T企業はその技術力だけでなくデザイン力で差別化を図る時代になりました。お互いの業界がコラボレーションすればもっと興味深いコミュニティが生みだせるかもしれません。

山崎　つまり、ＰＩＥはプラットフォームになったということですね。

リック　僕らは、自分たちのレプリカを大量につくりだすことに興味はありません。僕らのプロセスを参考にしながら、それぞれの組織が求めるやり方で多様に進化させてもらいたいと思っています。ＰＩＥはテンプレートではなくて、こういうことをやってみたいと思う人たちをインスパイアしたいのです。

山崎　国内外にたくさんのアクセラレーターやインキュベーターがいると思いますが、そういう人たちとも交流していますか？

リック　親しくしているアクセラレーターはたくさんいます。競いあうようなこともたまにはありますが、僕たちが他のプログラムをメンターしたり、逆に他のプログラムから僕らがアドバイスをもらうこともあります。とてもいいグローバルなコミュニティ・パートナーです。

人々がコミュニティのパトロンになる

山崎　ポートランドは、リックさんにとってどういう街ですか？

リック　人々が自分たちのやりたいことをなんでもクリエイティブに探求することができる場所ですね。ポートランドの人々は何かを始めることを奨励して、それを実現できるようにコミュニティが文化的にも金銭的にもサポートします。

たとえ1種類のメニューしかなくてもお気に入りのフードカート（キッチンカーで店を出す屋台）に食べに行く。そこでしか飲めないＩＰＡ（強いホップの苦味と高いアルコール度数が特徴のビール）を出すブルワリーに足を運ぶ。こうやってコミュニティがお互いにサポートしあって地域経済をまわしていく価値観が自然と共有されています。

山崎　みんなが街のパトロンのようですね。

リック　そう。僕も日用品はメイシーズ（全米のデパート・チェーン）よりも地元の手づくりの商品を扱うCrafty Wonderlandで買います。路面電車に乗って往復3時間もかかるファーマーズマーケットにもよく行きます。近くの店にデリバリーのサービスを頼めばすぐに注文できて配達してくれるにもかかわらず。ファーマーズマーケットは旬のものしかないから、欲しいものが何でも揃うスーパーマーケットとは違って、きちんと選んで、新鮮かどうか吟味して、何をつくるか考える。そうすることでクリエイティビティもインスパイアされます。

山崎　僕も、ポートランドに引っ越してきてから、ネットだとすぐに買えるのに、わざわざ工房に出向いて３００ドルもするダナー（Danner）のブーツを買ったりします。ブーツをつくっている人と知りあいだし、ポートランドでつくられているから買いたいと思うようになりました。

リック　それが、コミュニティに関わるということなんです。

街の未来にとって賢明な決断

山崎　近年、ポートランドは人気が高まり成長し続けています。人口が増え、不動産価格や生活費が上昇しています。ポートランドが、これからもコラボレーションやクリエイティビティを大事にする街であり続けることは可能でしょうか？　それにはどうすればいいのでしょうか？

リック　たしかに20年前とは違う緊張が生まれているのを感じています。ただポートランド自体はそれほど変わったわけではないと思います。自分たちでビールを醸造したり、コーヒーをローストしたり、DIYでものをつくったり。僕らが以前からやり続けていることを、外の人々がクールだと言いだしただけのことです。

山崎　そうですね。

リック　僕はむしろ別の視点からこの街の未来を懸念しています。僕たちが今日ポートランドに暮らして享受している恩恵の多くは先人たちの決断がもたらしてくれたものです。都市成長境界線を設けることも、フリーウェイの代わりに公園をつくることも、40年前は相当クレイジーなアイデアだったはずです。

でも今、僕たちはそういう決断をしているとは思えません。多様性やホームレスの問題、ヘルスケア、教育など、複雑で大きな問題がたくさんあります。だから、僕たちも今、一歩踏みだして街の将来に役立つ決断をすべきなのです。僕たち自身のためではなく、20年後、30年後の人々のためになるような決断をね。これが今、渇望していることです。

山崎　僕もまったくそう思います。実際に何がトリガー（引き金）になるでしょうか。

リック　ポートランドはいつもなぜか、景気が最悪の時にベストの結果を出すんです。歴史的に見ても、製鉄業がだめになってしまった時、ドットコムバブルがはじけてしまった時、街を変えるイノベーションが起こりました。今は景気がいいけれども、新しいことを始めないといけない試練がまたきっと来るはずです。

山崎　その試練がとてつもなくネガティブなものでなければいいのですが。

リック　ただ、明るい展望もあります。嬉しいことに、未来に向けて賢明な決断をできるビジョンを持った世代が、自分たちで権力を行使できる立場につきはじめています。そういった決断をできるのは、僕らより下のミレニアル世代（1980年代から2000年代初頭までに生まれた世代）の人々で、彼らはポートランドらしい精神に回帰しているように思います。

山崎　インタビューの中で、何度もポートランドのコラボレーション・スピリットの話が出てきましたが、そういう価値観はもともとあなたの中にあったものでしょうか。それともポートランドがあなたを変えたんでしょうか。

リック　それはいつも自分の中にあったものですね。若い時はお金をたくさん稼ぐことを夢見ていたこともありましたけど、歳をとるにつれてそういう錯覚から目が覚めました。

そしてポートランドにもコラボレーションのカルチャーがずっと変わらずある。それが、僕を含めて多くの人々がポートランドに惹かれる理由のように思います。

ミレニアル世代はコラボレーション・カルチャーと深く共鳴するものがあって、彼らがビジネスを育て、コミュニティに貢献するようになると、もっともっとそのカルチャーは濃く深化していく気がします。

（2016年11月　Portland Incubator Experiment にて）

＊1　Yコンビネータは年に二度、アクセラレーター・プログラムに参加するスタートアップ企業を数社選定し、各企業に対し2万ドル前後を投資し、3カ月のスクールを通じて集中的に指導して、他のベンチャーキャピタルから投資を受けられる状態まで育てる。参加企業はプログラム費用の対価として普通株の7％をYコンビネータに支払う。

＊2　テックスターズは、Yコンビネータがシリコンバレー中心のプログラムであるのに対し、世界十数都市で、各都市のメンターやベンチャーキャピタルと共にプログラムを実施する。各都市で10社しか参加できない。各企業に対し2万ドルと10万ドルのコンバーチブル・ノート（転換社債）を投資し、3カ月のスクールを通じて集中的に指導し、他のベンチャーキャピタルから投資を受けられる状態まで育てる。参加企業はプログラム費用の対価として普通株の6％をテックスターズに支払う。

あとがき

イギリスの政治家、ベンジャミン・ディズレーリの格言に次のようなものがある。
"The secret of success is constancy to purpose."（成功の秘訣は、目的に忠実であることだ）

6人のインタビューを終え、本にまとめるにあたって気づいた彼らの共通点が二つある。
一つは、国籍も職業も年齢もバラバラな彼らが、皆素晴らしいリーダーで、ビジョンや生き様、そして彼らがつくりだす価値に魅了された人々が集まり、支えあいながらいろいろな形のコミュニティが生まれていることだ。

そしてもう一つは、それぞれが属するコミュニティを良くしていこうという強い使命感を持っていることだ。それは目の前のプロジェクトの成功や会社の利益などとは違う次元にある、公益につながるものだ。そして、たとえ状況や環境が変化しても、彼らの情熱とクリエイティビティは、その使命にいかに忠実でいられるかに注がれている。

クリエイティブなコミュニティをつくるには、目に見えないものを信じて突き進み、新たな価値を創造するリーダーが必要である。ここで言うリーダーには社会的地位も特別な才能もいらない。必要なのは、自分のビジョンを明確にし、その実現に向かって忠実に努力をしていくことだ。

僕の尊敬する野田智義さん（特定非営利活動法人ＩＳＬ創設者）の言葉を借りるならば、リーダーとは「見えないものを見て、それに惹かれて暗い沼地でも先頭を切って歩いていく人」であり、リーダシップとは「旅」である。その道は誰にでも開かれているのだ。この本を読んでくれた人はどんな旅に出るのだろうか。

最後に、多忙ななか貴重なお話を聞かせていただいた6人の皆さん。お仕事の合間を縫って数々の写真を撮ってくださった大塚俊泰さん。大学院に通いながらインタビューの文字起こしをしてくださった幸本温子さん。前著に続き素敵なブックデザインをしてくださった藤田康平さん。そして、この本の企画から出版までを取りまとめてくださった学芸出版社の宮本裕美さん。皆さんの協力のおかげでこの本を完成させることができました。心より感謝しています。

２０１７年４月

山崎満広

編集協力
幸本温子

撮影
大塚俊泰：P.14-15、38、49-53、61、76、81、84-88、99、107、109、113-114、115（上）、116（下）、117、130（上）、131、137、139、142、145-147、150-151、160、177、179-181

図版クレジット
John C Jay：P.13
designed by Allied Works Architecture：P.16-17
Julian Bleecker：P.44
NIKE：P.54-56、67、68-69、71
田村なを子：P.82-83、96、101、104
GROVEMADE：P.115（下右・左）、116（上）、118-120、129、130（下）
Mark Stell：P.148-149、152
Rick Turoczy：P.178
Aaron Hockley：P.182-184

山崎満広（やまざき みつひろ）

ポートランド市開発局 国際事業開発オフィサー
1975年生まれ。茨城県出身。95年に渡米。南ミシシッピ大学大学院修了。専攻は国際関係学と経済開発。学部在学中にメキシコのユカタン大学へ留学。卒業後、建設会社やコンサルティング会社、経済開発機関等へ勤務し、企業誘致、貿易開発や都市計画を現場で学ぶ。2012年3月、ポートランド市開発局にビジネス・産業開発マネージャーとして入局し、同年10月より現職。ポートランド都市圏企業の輸出開発支援とアメリカ内外からポートランドへの企業・投資誘致を担当。ポートランドの都市計画・開発、環境・空間デザインを駆使し、We Build Green Citiesのリーダーとして海外のデベロッパーや自治体のまちづくりを支援している。2017年4月より、ポートランド州立大学パブリックサービス研究・実践センター シニアフェロー、一般社団法人Creative City Labo代表理事。
著書に『ポートランド　世界で一番住みたい街をつくる』（不動産協会賞受賞）。

ポートランド・メイカーズ
クリエイティブコミュニティのつくり方

2017年5月1日　初版第1刷発行

編著者………山崎満広
発行者………前田裕資
発行所………株式会社学芸出版社
京都市下京区木津屋橋通西洞院東入
電話 075－343－0811　〒600－8216
装　丁………藤田康平（Barber）
印　刷………ムーブ
製　本………新生製本

ISBN 978－4－7615－2642－9